電腦繪圖設計認證指南
Illustrator CC 第三版

| 視傳設計領域 |

一、本書內容

- 第一章 TQC+ 專業設計人才認證說明：
  介紹 TQC+ 認證架構與證照優勢，以及如何報名參加。

- 第二章 領域及科目說明：
  介紹該領域認證架構與認證測驗對象及流程。

- 第三章 範例題目練習系統安裝及操作說明：
  教導使用者安裝操作本書所附的範例題目練習系統。

- 第四章 電腦繪圖設計範例題目：
  可供讀者依學習進度做平常練習及學習效果評量使用。本書範例題目內容為認證題型與命題方向之示範，正式測驗試題不以範例題目為限。

- 第五章 測驗系統操作說明：
  介紹 TQC+ 視傳設計領域 電腦繪圖設計 Illustrator CC 第 3 版認證之模擬測驗操作與實地演練，加深讀者對此測驗的瞭解。

- 第六章 範例試卷：
  含範例試卷三回，可幫助讀者作實力總評估。

　　本書章節如此的編排，希望能使讀者儘速瞭解並活用本書，進而通過 TQC+ 的認證考試！

二、本書適用對象

- 學生或初學者。

- 準備受測者。

- 準備取得 TQC+ 專業設計人才證照者。

三、本書使用方式

　　請依照下列的學習流程，配合本身的學習進度，使用本書之範例題目進行練習，從作答中找出自己的學習盲點，以增進對該範圍的瞭解及熟練度，最後進行模擬測驗，藉以評估自我實力是否可以順利通過認證考試。

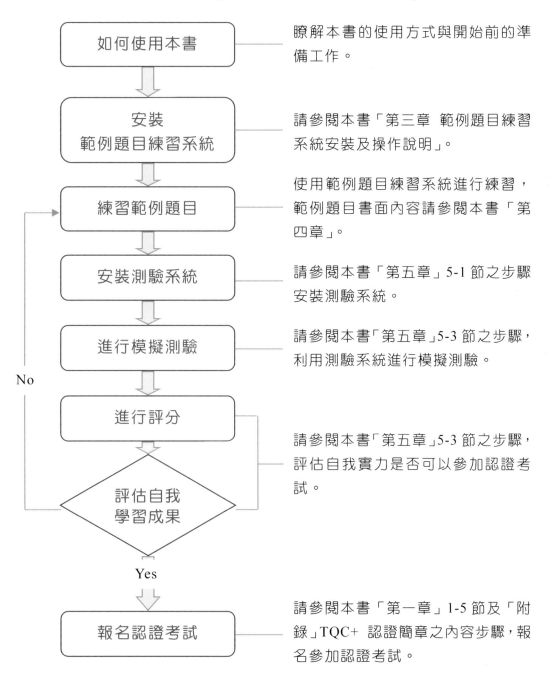

如何使用本書 ─ 瞭解本書的使用方式與開始前的準備工作。

安裝 範例題目練習系統 ─ 請參閱本書「第三章 範例題目練習系統安裝及操作說明」。

練習範例題目 ─ 使用範例題目練習系統進行練習，範例題目書面內容請參閱本書「第四章」。

安裝測驗系統 ─ 請參閱本書「第五章」5-1 節之步驟安裝測驗系統。

進行模擬測驗 ─ 請參閱本書「第五章」5-3 節之步驟，利用測驗系統進行模擬測驗。

進行評分 ─ 請參閱本書「第五章」5-3 節之步驟，評估自我實力是否可以參加認證考試。

評估自我學習成果

No

Yes

報名認證考試 ─ 請參閱本書「第一章」1-5 節及「附錄」TQC+ 認證簡章之內容步驟，報名參加認證考試。

軟硬體需求

使用本書系統提供之「TQC+ 認證範例題目練習系統 電腦繪圖設計 Illustrator CC 第 3 版」、「TQC+ 認證測驗系統-Client 端程式」，需要的軟硬體需求如下：

一、硬體部分

- 處理器：多核心 Intel 處理器（支援 64 位元版本）搭配 SSE 4.2（含）以後版本，或 AMD Athlon 64 處理器搭配 SSE 4.2（含）以後版本
- 記憶體：16GB（含）以上
- 硬　碟：安裝完成後須有 16GB 以上可用硬碟空間
- 鍵　盤：標準 WIN95 104 鍵
- 滑　鼠：USB Mouse
- 螢　幕：具有 1920 * 1080 像素解析度
- 顯示卡：具備可支援 OpenGL 4.0 的 GPU 和 4GB 的 GPU 記憶體，詳情需依 Adobe 官方公告需求配置
- 僅適用 IBM/PC 裝置

二、軟體部分

- 作業系統：Microsoft Windows 10、Microsoft Windows 11 以上之中文版。
- 應用軟體：Adobe Illustrator CC（28.4）、Adobe Photoshop CC。

商標及智慧財產權聲明

商標聲明

- ◆ CSF、TQC、TQC+和 ITE 是財團法人中華民國電腦技能基金會的註冊商標。

- ◆ Adobe、Illustrator CC 是 Adobe 公司的註冊商標。

- ◆ Microsoft、Windows 是 Microsoft 公司的註冊商標。

- ◆ 本書或系統中所提及的所有其他商業名稱,分別屬各公司所擁有之商標或註冊商標。

智慧財產權聲明

「TQC+ 電腦繪圖設計認證指南 Illustrator CC(第三版)」(含系統)之各項智慧財產權,係屬「財團法人中華民國電腦技能基金會」所有,未經本基金會書面許可,本產品所有內容,不得以任何方式進行翻版、傳播、轉錄或儲存在可檢索系統內,或翻譯成其他語言出版。

- ◆ 本基金會保留隨時更改書籍(含系統)內所記載之資訊、題目、檔案、硬體及軟體規格的權利,無須事先通知。

- ◆ 本基金會對因使用本產品而引起的損害不承擔任何責任。

本基金會已竭盡全力來確保書籍(含系統)內載之資訊的準確性和完善性。如果您發現任何錯誤或遺漏,請透過電子郵件 master@mail.csf.org.tw 向本會反應,對此,我們深表感謝。

系統使用說明

為了提高學習成效，在本書隨附的系統中特別提供「TQC+ 認證範例題目練習系統 電腦繪圖設計 Illustrator CC 第 3 版」及「TQC+ 認證測驗系統-Client 端程式」，您可由 Autorun 的畫面上直接點選並安裝上述系統。

附加資源（請下載並搭配本書，僅供購買者個人使用）
下載連結：http://books.gotop.com.tw/download/AEY045100

「TQC+ 認證範例題目練習系統 電腦繪圖設計 Illustrator CC 第 3 版」提供電腦繪圖設計 Illustrator CC 操作題第一至四類共計 40 道題目。
「TQC+ 認證測驗系統 T5-Client 端程式」提供三回電腦繪圖設計 Illustrator CC 測驗的範例試卷。

各系統 Setup.exe 程式所在路徑如下：

- 安裝「TQC+ 認證範例題目練習系統」：
  檔名：TQCP_CAI_IL9_Setup.exe

- 安裝「TQC+ 認證測驗系統 T5-Client 端程式」：
  檔名：T5 ExamClient 單機版_IL9_Setup.exe

希望這樣的設計能給您最大的協助，您亦可進入 https://www.csf.org.tw 網站得到關於基金會更多的訊息！

當前全球設計產業正迎來前所未有的變革與機遇，數位化浪潮的推進與文化創意產業的崛起，為設計師們打開了更廣闊的創作空間。隨著政府對文化創意產業的政策支持，以及各界對設計教育的重視，台灣設計人才的培育與輸出均達到了新高。然而，隨著市場需求日益多樣化，設計領域的競爭也愈發激烈。設計師們不僅需要保持源源不絕的創意，還必須面對跨領域合作的挑戰，並在藝術與功能之間尋求平衡。產業與環境的變遷為設計領域帶來了新的需求與跨界發展的契機，如何將各領域的專業知識融合，創作出既具美感又兼具實用性的作品，已成為當今設計領域的重要趨勢。

　　其中由美國 Adobe 公司推出的 Illustrator，長久以來都是專業視覺傳達設計師的首選工具，幫助他們將創意轉化為兼具美感與實用性的設計作品。它能廣泛應用在平面設計、造型設計、編排設計、美工圖像及網頁設計上，除一般繪圖功能以外，從簡單的卡片設計、商品包裝設計、藝術插圖創作，以及專業的企業商標設計，無不可透過 Illustrator 實現創作者的創意，同時 Illustrator 與其它設計軟體的搭配更是天衣無縫，不論是 Photoshop 還是 InDesign 都能緊密地結合，它的確是一套能讓創作者自由揮灑創意，實現心中夢想的設計軟體。

　　TQC+ 專業設計人才認證，是財團法人中華民國電腦技能基金會（CSF）整合產官學研各界專家意見，為培育符合企業需求的設計人才、提升產業界設計能力所推動的專業認證。其中 TQC+ 視傳設計領域的「電腦繪圖設計 Illustrator」認證，從 2010 年 CS4 版本上市至今，獲得育才及用才單位一致好評，為 Illustrator 人才的評鑑建立了公正客觀的參考標準。此次搭配 CC 版本之更新推出，整合國內設計領域學界與業界專家建議，將 Illustrator 的應用技能及設計必備概念調整成「基礎圖形繪製能力」、「圖文表現能力」、「圖文整合設計能力」及「圖文應用能力」等四大類，每一類別提供 10 個範例題目。為了因應設計領域中 AI 技術的快速發展與普及，此版本特別在「圖文整合設計能力」及「圖文應用能力」兩大類別中，增加 AI 人工智慧相關應用題，讓考生能夠熟悉並掌握 AI 技術在設計中的實際應用，從而提升他們在未來職場的競爭力。此等範例係由專

家精心設計，讀者可藉由本書提供的範例題目，演練 Illustrator CC 最實用的技巧，提升電腦繪圖設計能力。建議讀者在練習之後報考本會 TQC+ 專業設計人才認證，取得「視傳設計」領域最具公信力的電腦繪圖設計證照，為個人專業職能加分。

激烈的職場競爭中，成功的秘訣在於個人專業能力及對工作的責任感，電腦技能已是不可或缺的現代化戰技，擁有專業「設計」能力認證，更是您在職場勝出的終極武器。希望本書和專業設計人才認證能為您開創更多職場機會，也期許能協助企業徵選適當專業設計人才。

最後，謹向所有曾為本測驗開發貢獻心力的專家學者，以及採用本會相關認證之公民營機關與企業獻上最誠摯的謝意。

財團法人中華民國電腦技能基金會

董事長　杜全昌

目 錄

第五章 測驗系統操作說明

第六章 範例試卷

附錄

TQC+

專業設計人才認證說明

1-1　TQC+ 專業設計人才認證介紹

一、新時代的挑戰

　　知識經濟與文創產業的時代，在媒體推波助瀾下鋪天捲地來臨，各產業均因此產生結構性的變化。在這個浪潮中，「設計」所帶來的附加價值與影響也日趨明顯。相同功能的產品，可以藉由精緻的外型設計讓銷售數字脫穎而出，性質相近的網站，也可以透過優良的介面設計與美工畫面，讓使用者持續不斷的湧入。因此，提升台灣產業界人才之設計能力，是當今最迫切的需求。優秀而充足的人力是企業提升設計能力的根基，但是該如何在求職人選中，篩選出具有「設計」能力的應徵者，卻是一件艱困的任務。

二、「設計」人才的誕生

　　財團法人中華民國電腦技能基金會，自 1989 年起即推動各項資訊認證，提供產業界充足的資訊應用人才，舉凡數位化辦公室各項能力，均為認證之標的項目。由於電腦技能發展至今，已從單純的輔助能力，變成了許多專業領域的必備職能，本會身為台灣民間最大專業認證單位，提供產業界符合新時代的專業人才，自是責無旁貸，因此著手推動「TQC+ 專業設計人才認證」。

三、知識為「體」，技能為「用」

　　TQC+ 專業設計人才認證的理念，是以「專業設計領域任職必備能力」為認證標準，分析各職務主要負責的業務與能力需求後，透過產官學研各界專家建構出該職務的「知識體系」與「專業技能」認證項目。知識體系是靈魂骨幹，提供堅強的理論基礎，專業技能則是實務應用，使之在工作上達成設計目標並產出實際之設計成品，兩者缺一不可。

四、架構完整，切合需求

　　TQC+ 專業設計人才認證除了協助企業有效篩選人才之外，同時也規劃了完整的學習進程與教材，提供了進入職場專業領域的學習方向。認證科目之間互相搭配，充分涵蓋核心知識體系與專業技能，期能藉由嚴謹的認證職能體系規劃與專業完善的考試服務，培育出符合企業需要的新時代「設計」人才！

1-2 TQC+ 專業設計人才認證內容

1-2-1 認證領域

　　TQC+ 認證依照職場人才需求趨勢，規劃出六大領域認證，包含：「建築設計 AD 領域」、「電路設計 CD 領域」、「工程設計 ED 領域」、「跨域設計 ID 領域」、「軟體設計 SD 領域」、「視傳設計 VD 領域」。各領域介紹及人員別如下：

　　「**建築設計 AD 領域**」追求的是滿足建築物的建造目的。包括環境角色的要求、使用功能的要求、視覺感受的要求等，在技術與經濟等方面可行的條件下，利用具體的建築材料，配合建物當地的歷史文化、景觀環境等，形成具有象徵意義的產物。常見的建築設計包括了建築外觀設計、空間規劃、室內裝修、都市計畫等。

　　「**電路設計 CD 領域**」發展歷史雖短，在電子產品快速發展的今天，已成為設計領域不可或缺的一環。電路賦予電子產品許多的功能。小至每天接觸的手機、數位相機、電子遊樂器，大至汽車中央控制電腦、自動化工廠設備等，只要有電子產品的地方，都會有電路。常見的電路設計包括積體電路設計、類比電路設計等。

　　「**工程設計 ED 領域**」主要的方向為各項產品的外型與線條，同時需考慮到產品使用時的人體工學與實用度。更深一層來說，還必須考量到產品的生產流程、材料選擇以及產品的特色等。工程設計領域的專業人員必須引導產品開發的整個過程，藉由改善產品的可用性，來增加產品的附加價值、減低生產成本、並提高產品的形象。

　　「**跨域設計 ID 領域**」乃因應跨領域人才共同參與設計專案的最新人才發展趨勢，所建立的認證領域架構。跨域設計的專業人員除需具備本職的專業能力及技能之外，還必須熟悉相關領域技術。能將各種不同領域的設計知識資源整合，在團隊中進行有效的溝通及協調，運用創造性思維解決各種問題狀況，達成串聯市場、技術與產品，整合企業資源，發展創新產品服務的目標。

　　「**軟體設計 SD 領域**」專注的是依照規格需求，開發能解決特定問題的程式。軟體設計通常以某種程式語言為工具，並與各種資料庫進行搭配。軟體設計過程有分析、設計、編碼、測試、除錯等階段，開發的過程中也需要注意程式的結構性、可維護性等因素。常見的軟體設計包含作業系統設計、應用程式設計、資料庫系統設計、使用者介面設計與系統配置等。

　　「**視傳設計 VD 領域**」著重的是藝術性與專業性，透過視覺傳遞的溝通方式，傳達出作者想提供的訊息。設計者以不同方式來組合符號、圖片及文字，利用經過整理與排列的字體變化、完整的構圖與版面安排等專業技巧，創作出全新的感官意念。常見的視傳設計包括了廣告、產品包裝、雜誌書籍及網頁設計等。

領 域 名 稱	人 員 別 名 稱
建築設計 AD 領域	• 建築設計專業人員 • 室內設計專業人員
電路設計 CD 領域	• 電路設計專業人員 • 電路佈局專業人員 • 電路佈線專業人員
工程設計 ED 領域	• 工程製圖專業人員 • 零件設計專業人員 • 機械設計專業人員 • 產品設計專業人員

領　域　名　稱	人　員　別　名　稱
軟體設計 SD 領域	• Java 程式設計專業人員 • C#程式設計專業人員 • Android 行動裝置程式設計專業人員 • ASP.NET 網站程式開發專業人員 • Python 大數據分析專業人員 • Python 機器學習專業人員
視傳設計 VD 領域	• 平面設計專業人員 • Flash 動畫設計專業人員 • 多媒體網頁設計專業人員 • 網頁設計專業人員 • 動態與視覺特效專業人員

註：最新資訊請參閱 TQC+考生服務網 https://www.tqcplus.org.tw/

1-2-2　TQC+ 職務能力需求描述

在 TQC+ 專業設計領域中，我們依照職務能力需求的不同，訂定出甲級與乙級能力需求描述，做為認證規劃的標準。甲級的標準相當於 3 年以上專業領域工作經驗，可獨當一面進行各項任務，並具備該領域指導與規劃的整合能力；乙級的標準則是相當於 1 至 2 年工作經驗，或經過專業訓練欲進入該領域工作之人員，具備該領域就職必備能力，能配合其他人員進行各項任務。詳細說明請參閱下表：

 職務能力需求描述表

甲級--設計師/工程師能力需求

- 相當於 3 年以上專業領域工作經驗
- 具備該領域之獨立工作能力
- 具備該領域之整合、規劃及指導能力

乙級--專業人員能力需求

- 相當於 1 至 2 年工作經驗，或經過專業訓練欲進入該專業領域工作之人員
- 具備該領域就職必備能力
- 能接受設計師/工程師指示，與其他專業人員共同作業

1-3 TQC+ 專業設計人才認證優勢

1-3-1 完整齊備的認證架構

擁有整合知識體系與專業技能的認證架構

TQC+ 認證技能規範內容，由本會遴聘該領域產官學研各界專家，組成規範制定委員會，依照各種專業設計人才的職能需求，訂定出符合企業主期待的能力指標。內容不但引導了知識體系的建立，加強了應考人的本質學能，同時也兼顧了專業技能的使用，以實務需求為導向，評測出應考人的應用能力水準。知識為「體」，技能為「用」，孕育出最合業界需求的專業設計人才！

1-3-2 貼近實務的認證方法

提供最貼近實際應用環境，獨一無二的認證系統

為了能提供應考人最接近實際使用環境的認證考試，TQC+ 認證採用兩種考試方式組合來進行。第一種方式為測驗題模式，主要應用於知識體系的考試科目。題型內容包含單選題與複選題，應考人使用專屬之認證測驗系統，以滑鼠填答操作應試；第二種方式則為操作題模式，應考人可「直接使用各領域專業軟體」，如 Illustrator CC 等，依照題目指示完成作答，再根據考科特性以電腦評分或委員評分方式進行閱卷。實作題模式與坊間其他以「模擬軟體操作」為考試方式的認證有顯著的區別，可提供最符合實際工作狀況的認證考試。

1-3-3 最具公信的認證機構

由台灣民間最大專業認證機構辦理，累計 450 萬人次考生的肯定

民國 78 年 8 月本會承蒙行政院科技顧問組、中華民國全國商業總會、財團法人資訊工業策進會和台北市電腦商業同業公會熱心資訊教育的四個單位，共同發起創立本非營利機構，致力於資訊教育和社會資訊化的推廣。二十幾年來，藉辦理各項電腦認證測驗、競賽等相關活動，促使大家熟於應用電腦技能；並本著「考用合一」的理念，制訂實務導向的認證標準，提供各界量才適所的客觀依據。累積多年的認證舉辦經驗，目前已成為全台民間最大之專業認證單位，每年參測人數達 25 萬人次。累計超過 450 萬名考生的肯定，是 TQC+ 專業設計人才認證最大的品質後盾！

1-4　企業採用 TQC+ 證照的三大利益

　　企業的作戰力來自人才，精明卓越的將帥，需要機動靈活、士氣高昂、戰技優良的團隊。在此一競爭具變遷激烈的資訊化時代下，電腦技能已經是不可或缺的一項現代化戰技，而且是越多元化、越紮實化越佳。TQC+ 專業設計人才認證可以讓企業確保其員工擁有達到相當水準之專業領域職能。經由這項認證進行人才篩選，企業至少可以獲得以下三項利益：

一、提高選才效率、降低尋人成本

　　讓專業領域設計能力成為應徵者必備的職能，憑藉 TQC+ 專業設計人才認證所頒發之證書，企業立即瞭解應徵者專業領域職能實力，可以擇優而用，無須再花時間及成本驗證，選才經濟、迅速。求職者在投入工作前，即具備可以獨立作業的專業技能，是每一位老闆的最愛。

二、縮短職前訓練、儘快加入戰鬥團隊

　　企業無須再為安排職前訓練傷神，可以將舊有之職前訓練轉化為更專注於其他專業訓練，或者縮短訓練時間，讓新進同仁邁入「做中學」另一階段的在職訓練，大大縮短人才訓練流程，全心去面對激烈的新挑戰。對企業來說，更可直接地降低訓練成本。

三、如虎添翼、戰力十足

　　新進同仁因為具備領域職能必備能力，專業才華更能淋漓盡致地發揮，不僅企業作戰效率提昇，員工個人工作成就感也得以滿足。同時，企業再透過在職進修的鼓勵，既可延續舊員工的戰力，更進一步地刺激其不斷向上的新動力。對企業體、對員工而言可說是一舉數得。

1-5 如何參加 TQC+ 考試

一、瞭解個人需求

在規劃參加認證，建議先評估個人生涯規劃與興趣，選擇適合的專業領域進入。您可以參考 TQC+ 認證網站的各領域職務說明，或是詢問已在該領域任職的親友之意見，作為您規劃的參考。提醒您專業是需要累積的，正所謂「滾石不生苔」！沒有好的規劃容易造成學習時間與職涯的浪費。

二、學習與準備

選擇好了專業領域，接下來進入的就是學習與準備的階段。如果想採自學的方式進行，本會為考生出版了一系列參考書籍，考生可至 TQC+ 認證網站查詢各科最新的教材與認證指南。若考生對自己的準備沒有十足把握，則可選擇電腦技能基金會散布全國之授權訓練中心參加認證課程，一般課程大多以一個月為期。此外，本會亦和大專院校合作，於校內推廣中心開設認證班，考生可就近向與本會合作的大專院校推廣中心或與本會北中南三區推廣中心聯繫詢問。

三、選擇考試地點

凡持有「TQC 授權訓練中心（TATC）」字樣，並由本會頒發授權牌的合格訓練中心，才是本會授權、認證的單位。凡參加授權訓練中心的考生，於課程結束時，該中心會協助安排考生參加考試。若採自行報名考試者，可直接至 TQC+ 認證網站，進入線上報名系統，選擇就近的認證中心，以及認證科目與時間。

四、取得證書

通過單科認證者，本會將於一個月後寄發 TQC+ 合格證書；若通過科目符合人員別發證標準，則可申請人員別證書，凡取得證書者，均代表該應考人專業技術與應用能力已獲得第三公證單位之認可。

五、求職時主動出示 TQC+ 證書

在求職的過程中，除了在自傳或履歷表中闡述自己的理想、抱負之外，建議同時出示 TQC+ 證書，將更能突顯本身之技能專長、更容易獲得企業青睞。因為證書代表的不僅是個人的專業，更表現出持證者的那份用心和行動力。

六、以 TQC+ 證書為未來職務加分

在職場中您除了專注提升工作表現外，可適時對主管表達您已取得 TQC+ 專業證書。除了證明您的專業程度已符合該職務的職能標準，同時也表現您對此項職務的企圖心，可加深主管對您的優良印象。未來在若有適當的升遷機會，具有專業能力與企圖心的您當然是不二人選！

2

Chapter

領域及科目說明

2-1　領域介紹-視傳設計領域說明

　　TQC+ 認證依各領域設計人才之專業謀生技能為出發點,根據國內各產業專業設計人才需求,依其專業職能及核心職能,規劃出各項測驗。

　　在視傳設計領域中,本會經過調查分析最普遍的工作職稱,根據各專業人員之職務不同,彙整出相對應之工作職務(Task),以及執行這些工作職務所需具備之核心職能(Core Competency)與專業職能(Functional Competency),規劃出幾項專業設計人員,分別為:「平面設計專業人員」、「Flash 動畫設計專業人員」、「多媒體網頁設計專業人員」、「網頁設計專業人員」、「動態與視覺特效專業人員」等,詳細內容如下表所列:

專業 人員別	工作職務 (Task)	核心職能 (Core Competency)	專業職能 (Functional Competency)
平面設計 專業人員	1.電腦繪圖能力 2.色彩運用能力 3.圖形繪製與設計能力 4.印刷完稿能力 5.影像編輯調整能力 6.影像合成能力 7.影像設計能力 8.商業設計能力	色彩運用與 配色能力	1.電腦繪圖設計能力 2.影像處理能力
Flash 動畫 設計專業 人　　員	1.電腦繪圖能力 2.色彩運用能力 3.圖形繪製與設計能力 4.角色、元件設計能力 5.動畫製作能力 6.視訊、聲音整合能力 7.互動設計能力	色彩運用與 配色能力	1.Flash動畫設計能力 2.電腦繪圖設計能力

專業 人員別	工作職務 （Task）	核心職能 （Core Competency）	專業職能 （Functional Competency）
多媒體網頁設計專業人員	1.電腦繪圖能力 2.色彩運用能力 3.圖、文、多媒體整合能力 4.網頁版面設計、編排能力 5.互動式網頁設計能力 6.動畫製作能力 7.影像編輯調整能力	色彩運用與配色能力	1.網頁設計能力 2.影像處理能力 3.Flash動畫設計能力
網頁設計專業人員	1.電腦繪圖能力 2.色彩運用能力 3.圖、文、多媒體整合能力 4.網頁版面設計、編排能力 5.互動式網頁設計能力 6.影像編輯調整能力	色彩運用與配色能力	1.網頁設計能力 2.影像處理能力
動態與視覺特效專業人員	1.電腦繪圖能力 2.色彩運用能力 3.圖形繪製與設計能力 4.影像編輯調整能力 5.動態表現能力 6.視覺特效應用能力 7.影片後製編輯能力 8.素材管理與彙整能力	色彩運用與配色能力	1.電腦繪圖設計能力 2.影像處理能力 3.動態與視覺特效實務能力

　　本會根據上述各專業職務之工作職務（Task），以及核心職能（Core Competency）、專業職能（Functional Competency），規劃出每一專業人員應考內容，分為「知識體系（學科）」，以及「專業技能（術科）」二大部分。其中第一部分「知識體系（學科）」每一專業人員均須選考，依專業人員之不同，應考科目分別為「電腦繪圖概論與數位色彩配色」或「數位媒體出版」。第二部分「專業技能（術科）」則依專業人員之不同，規劃各相關考科，請參閱下表「TQC+ 專業設計人才認證 視傳設計領域 認證架構」：

知識體系 認證科目	專業技能 認證科目	專業設計人才 證書名稱
電腦繪圖概論 與數位色彩配色	電腦繪圖設計 影像處理	TQC+ 平面設計專業人員
	電腦繪圖設計 Flash 動畫設計	TQC+ Flash 動畫設計專業人員
	網頁設計/響應式網頁設計 Flash 動畫設計 影像處理	TQC+ 多媒體網頁設計專業人員
	網頁設計/響應式網頁設計 影像處理	TQC+ 網頁設計專業人員
	電腦繪圖設計 影像處理 動態與視覺特效實務	TQC+ 動態與視覺特效專業人員

2-2 電腦繪圖設計認證說明

　　美國 Adobe 公司出產的 Illustrator 以強大的功能，廣泛應用在美術設計中，例如平面設計、造型設計、編排設計、美工圖像及網頁設計等等，讓設計師可以輕鬆地製作出具有專業水準的美術作品並實現設計者的創意巧思，Illustrator 為使用者最多的美術設計軟體之一。本會發展的「TQC+電腦繪圖設計認證 Illustrator CC 第 3 版」，係為 TQC+ 視傳設計領域之電腦繪圖設計能力鑑定，以實務操作方式進行認證，評核符合企業需求的新時代專業設計人才。亦為考核 TQC+ 平面設計專業人員必備專業技能之一，以「電腦繪圖概論與數位色彩配色」之專業能力作為基礎，再加上「影像處理」及「電腦繪圖設計」之專業能力，藉此為企業提升平面專業設計人才之層次。

2-2-1 認證舉辦單位

　　認證主辦單位：財團法人中華民國電腦技能基金會

2-2-2 認證對象

　　TQC+ 電腦繪圖設計 Illustrator CC 第 3 版認證之測驗對象，為從事視傳設計相關工作 1 至 2 年之社會人士，或是受過視傳設計領域之專業訓練，欲進入該領域就職之人員。

2-2-3 認證流程

　　為使讀者能清楚有效地瞭解整個實際認證之流程及所需時間。請參考以下之「認證流程圖」。請搭配「5-3 測驗操作程序範例」一節內的實際範例，以充分瞭解本項認證流程。

認證流程圖

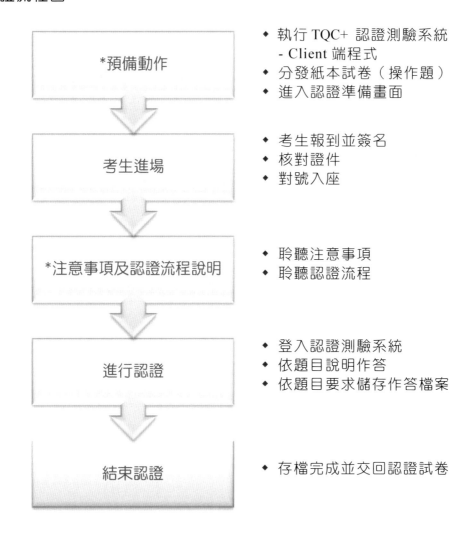

* 執行 TQC+ 認證測驗系統
  - Client 端程式
* 分發紙本試卷（操作題）
* 進入認證準備畫面

* 考生報到並簽名
* 核對證件
* 對號入座

* 聆聽注意事項
* 聆聽認證流程

* 登入認證測驗系統
* 依題目說明作答
* 依題目要求儲存作答檔案

* 存檔完成並交回認證試卷

＊　標註該處，表示由監考人員執行

3

範例題目練習系統

安裝及操作說明

3-1 範例題目練習系統安裝流程

步驟一： 執行附書系統，選擇「TQCP_CAI_IL9_Setup.exe」開始安裝程序。
（附書系統下載連結及系統使用說明，請參閱「0-2-如何使用本書」）

步驟二： 在詳讀「授權合約」後，若您接受合約內容，請按「接受」鈕繼續
安裝。

步驟三： 輸入「使用者姓名」與「單位名稱」後，請按「下一步」鈕繼續安裝。

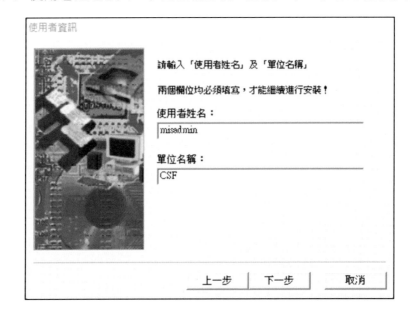

步驟四： 可指定安裝磁碟路徑將系統安裝至任何一台磁碟機，惟安裝路徑必
　　　　須為該磁碟機根目錄下的《TQCPCAI.csf》資料夾。安裝所需的磁
　　　　碟空間約 546MB。

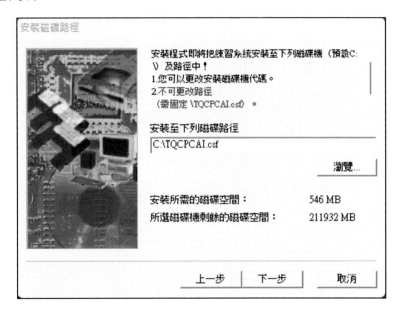

步驟五： 本系統預設之「程式集捷徑」在「開始/所有程式」資料夾第一層，
　　　　名稱為「TQC+ 認證範例題目練習系統」。

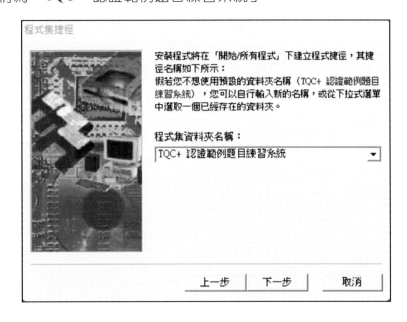

步驟六： 安裝前相關設定皆完成後，請按「安裝」鈕，開始安裝。

步驟七： 安裝程式開始進行安裝動作，請稍待片刻。

步驟八: 以上的項目在安裝完成之後,安裝程式會詢問您是否要進行版本的更新檢查,請按「下一步」鈕。建議您執行本項操作,以確保「TQC+認證範例題目練習系統(視傳設計 VD 領域 電腦繪圖設計 Illustrator CC 第 3 版)」為最新的版本。

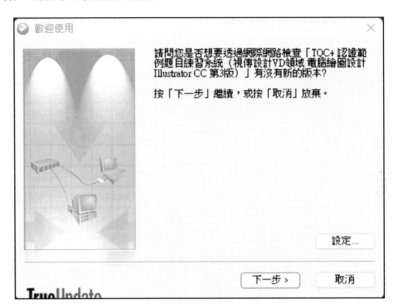

步驟九: 接下來進行線上更新,請按「下一步」鈕。

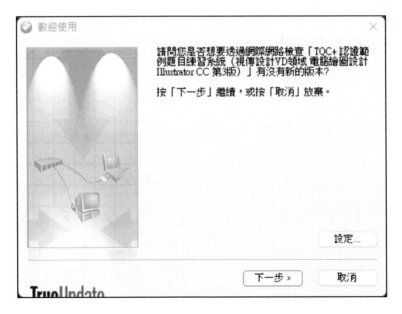

步驟十： 更新完成後，出現如下訊息，請按下「確定」鈕。

步驟十一： 完成「TQC+ 認證範例題目練習系統（視傳設計 VD 領域 電腦繪圖設計 Illustrator CC 第 3 版）」更新後，請按下「關閉」鈕。

步驟十二：安裝完成！您可以透過提示視窗內的客戶服務機制說明，取得關
於本項產品的各項服務。按下「完成」鈕離開安裝畫面。

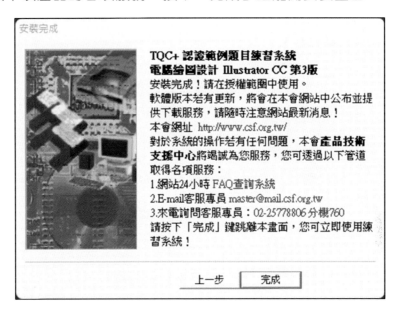

3-2　範例題目練習系統操作程序

一、本項認證屬於專業技能（術科），採用操作題方式，關於操作題之練習流程，如下圖所示：

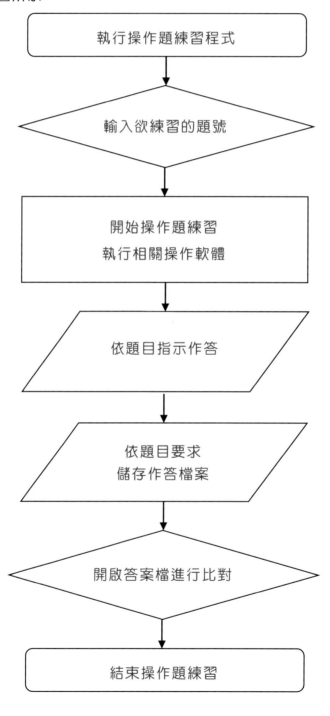

二、詳細的操作步驟及系統畫面，說明如下：

步驟一： 執行桌面的「TQC+ 認證範例題目練習系統」程式項目。此時會開啟「TQC+ 認證範例題目練習系統 單機版」，請點選功能列中的「技能練習/操作題練習」鈕。

步驟二： 在「操作題練習」窗格中，選擇欲練習的科目、類別、題目後，按「開始練習」鈕。系統會將您選擇的題目作答相關檔案，一併複製到「C:\ANS.csf」資料夾之中。參考答案檔存放於「C:\STD.csf\類別」資料夾之中。

步驟三： 系統會再次提示您，題目作答所需的待編修檔已複製到「C:\ANS.csf」資料夾，參考答案檔存放於「C:\STD.csf」資料夾，請按「確定」鈕開始練習。

步驟四：　接著系統會自動開啟「ANS.csf」資料夾，「ANS.csf」資料夾中會有
　　　　　題目的類別資料夾，如選擇第一類則資料夾名稱為「IL01」，第二類
　　　　　資料夾名稱則是「IL02」，依此順序類推至第四類。

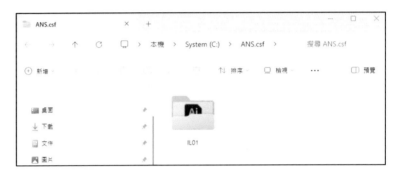

步驟五：　在類別資料夾中則會有本次練習所選擇的檔案，請依題目指示開啟
　　　　　檔案進行練習。

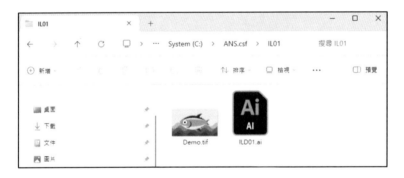

4

電腦繪圖設計範例題目

4-1　操作題技能規範及分類範例題目

類　別	技　能　內　容
第　一　類	基礎圖形繪製能力 　1. 貝茲曲線及手繪工具的運用技巧 　2. 基礎物件圖形的製作與編修 　3. 錨點管理及連接 　4. 即時描圖的製作 　5. 運用工具進行圖形分割 　6. 路徑管理員面板的應用 　7. 複合形狀及複合路徑的編輯 　8. 色彩編輯器的運用 　9. 色票控制面板設定 10. 漸層運用技巧 11. 圖層選項的設定與使用操作 12. 圖層變換與描圖工具的使用

技能內容說明：評核受測者具備造型、色彩之基本製作能力，包含軟體各項
　　　　　　　基礎工具之應用，題型包含圖形、元件、繪圖技巧等等。

類　別	技　能　內　容
第 二 類	圖文表現能力
	1. 筆刷的套用與繪製
	2. 筆刷的製作與效果應用
	3. 變形工具、操控彎曲工具及封套的技巧應用
	4. 路徑指令變形與組合
	5. 貝茲曲線與節點繪製運用
	6. 剪裁遮色片
	7. 不透明度遮色片運用
	8. 繞圖排文與曲線路徑設定
	9. 段落文字進階運用
	10. 變數字體的調整與外框設定
	11. 幾何物件的組成與繪製
	12. 立體圖形的組成與繪製

技能內容說明：評核受測者具備圖文配置、視覺技巧（光陰、立體感、比例）、繪製作業之能力，題型包含視覺技巧、圖形組合與元素整合之呈現。

類　別	技　能　內　容
第 三 類	圖文整合設計能力
	1. 圖像的形塑與繪製
	2. 圖表設計的技巧與運用
	3. 漸變造型的製作與上色
	4. 漸層網格的製作與上色
	5. Illustrator 效果運用
	6. Photoshop 效果運用
	7. 印刷色、特別色及整體色票之運用
	8. 稿件出血及輸出設定
	9. 向量圖與點陣圖印刷
	10. 燙金、亮 P 及打凸後製方式
	11. 紙張的選擇與形式應用
	12. 文件檢視與尺寸調整
	13. 新增工作區域與文件設定
	14. 文件色彩模式與列印設定
	15. 檔案轉存與設定（包括指令檔）

技能內容說明：評核受測者具有特殊變化與完稿輸出之能力，題型以各種風
　　　　　　　格的數位插畫呈現，如卡通、裝飾圖案、版畫剪紙、抒情、
　　　　　　　設計概念等。

類　別	技　能　內　容
第 四 類	圖文應用能力 1. 基本造型工具應用 2. 物件色彩調整製作 3. 文字排列組合 4. 英文及中文配置排版 5. 特色標題字設計 6. 圖文之間的主從配置及風格化排版 7. 影像之元素、影像搭配向量繪圖 8. 層次創造 9. 不透明度漸變模式及透明度使用 10. 遮色片使用 11. 圖文配置 12. 配色技巧 13. 造型配置與構圖技巧

技能內容說明：評核受測者具有應用整合之能力，以商業設計案型態呈現，透過主要視覺元素確立後延伸至其他製作物品。題型含各種類型作品，如名片、DM、海報、光碟、書籍雜誌封面、書籍雜誌內文編排、網頁版型、包裝等等。

4-2　第一類：基礎圖形繪製能力

本書範例題目內容為認證題型與命題方向之示範，正式測驗試題不以範例題目為限。

101 大腹鮪 ·· ☑易☐中☐難

1. 題目說明：

本題目運用基本的幾何圖形，繪製角色輪廓，再透過錨點選取、路徑管理員、形狀及鋼筆工具等功能之運用，完成數位插畫。

2. 作答須知：

(1) 請至 C:\ANS.CSF\IL01 目錄開啟 **ILD01.ai** 設計。完成結果儲存於 C:\ANS.CSF\IL01 目錄，檔案名稱請定為 **ILA01.ai**。

(2) 完成之檔案效果，需與展示檔 **Demo.tif** 相符。

3. 設計項目：

(1) 新增「the tuna」圖層，製作一個 150*150pt 的正圓形，將水平比例放大至 220%，透過鋼筆工具與調整錨點，繪製出魚身外觀並填入適當色彩，效果請參考展示檔。

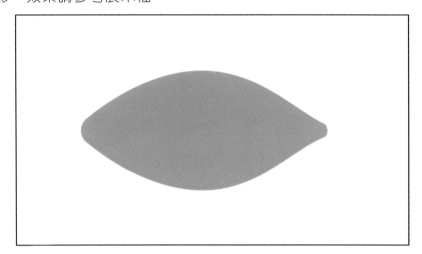

(2) 製作三個 150*150pt 的正圓形，將比例分別縮小為 40%、50%、60%，運用路徑管理工具與調整錨點、轉角，分別做出尾鰭、魚鰓縫及上下魚鰭，效果請參考展示檔。

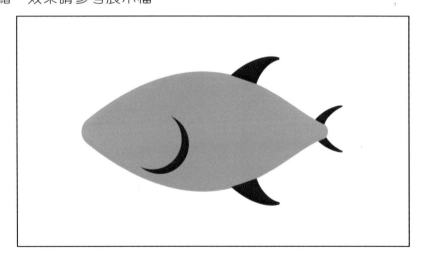

(3) 製作尺寸逐漸變小的上下兩排離鰭,再利用 40pt 與 20pt 正圓形做出
白色眼球與黑色眼珠,效果請參考展示檔。

(4) 將檔案提供之色彩新增為兩個顏色群組,並運用色票將魚身上色再做
出魚嘴,效果請參考展示檔。

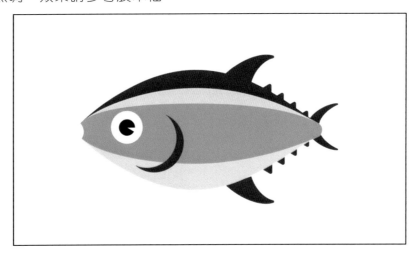

(5) 新增「wave BG」圖層，運用寬度間隔為 72pt 的格點作為海浪起伏幅
　　度，繪製出海浪背景，效果請參考展示檔。

4. 評分項目：

設計項目	配分	得分
(1)	5	
(2)	4	
(3)	3	
(4)	3	
(5)	5	
總分	20	

102 花瓶與花 .... ☑易☐中☐難

1. 題目說明：

　　本題活用向量路徑結合寬度工具、星形工具等，繪製一幅簡約的扁平風格插畫。

2. 作答須知：

　　(1) 請建立一新文件進行設計。完成結果儲存於 C:\ANS.CSF\IL01 目錄，檔案名稱請定為 **ILA01.ai**。

　　(2) 完成之檔案效果，需與展示檔 **Demo.tif** 相符。

3. 設計項目：

(1) 新增一列印文件，尺寸為 100*130mm。繪製符合工作區域的粉色矩形作為背景。使用線段工具完成具瓶身曲線的花瓶，效果請參考展示檔。

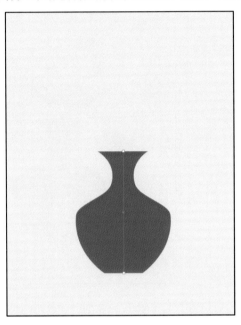

(2) 繪製星芒數 16 的圓角星形作為花朵，製作 12 條線段作為花蕊並增加花莖，效果請參考展示檔。

(3) 繪製圖形並調整,套用「鋸齒化」並分半,再使用漸層填色完成葉片,效果請參考展示檔。

(4) 輸入「BEAUTIFUL VASE」套用「弧形」效果,效果請參考展示檔。

4. 評分項目：

設計項目	配分	得分
(1)	3	
(2)	8	
(3)	6	
(4)	3	
總分	20	

103　燈塔 .... ☑易☐中☐難

1. 題目說明：

本題使用錨點、鋼筆、切割與對齊工具的應用，配合描圖工具來繪製造型，
檢核受測者是否具備圖形的繪圖與組合能力。

2. 作答須知：

(1) 請至 C:\ANS.CSF\IL01 目錄開啟 **ILD01.ai** 設計。完成結果儲存於
C:\ANS.CSF\IL01 目錄，檔案名稱請定為 **ILA01.ai**。

(2) 完成之檔案效果，需與展示檔 **Demo.tif** 相符。

3. 設計項目：

(1) 將文件內所附之五個顏色製作為色票群組，作為配色使用。製作燈塔的紅色斜紋、頂端的半圓造型與飄揚的旗幟，並分別將燈塔的上下區塊變形成梯形，最後將欄杆排列好後加上，效果請參考展示檔。

(2) 將「View」圖層中的岩石切割為數塊，並使用色票進行配色，需調整岩石明暗效果，再繪製雲的造型，效果請參考展示檔。

(3) 在「View」圖層中繪製一個跟工作區域一樣大的矩形,將其切割為八等份,且最下面的兩份合併,再分別填入「SKY」顏色群組的色彩。接著置入 **Birds.jpg** 製作為向量,填入色票色彩並進行排版,效果請參考展示檔。

(4) 繪製 10*10cm 的正圓形,縮放「View」圖層的影像並以正圓形切割,再製作寬度為 10pt 的外框,最後調整燈塔的構圖,效果請參考展示檔。

4. 評分項目：

設計項目	配分	得分
(1)	7	
(2)	5	
(3)	5	
(4)	3	
總分	20	

104 鳥類嘉年華...☑易☐中☐難

1. 題目說明：

本題使用 JPG 圖像置入並學習使用影像描圖取得向量圖像，背景搭配色彩和透明度的變化製作四方連續圖樣，製作嘉年華活動封面。

2. 作答須知：

(1) 請至 C:\ANS.CSF\IL01 目錄開啟 **ILD01.ai** 設計。完成結果儲存於 C:\ANS.CSF\IL01 目錄，檔案名稱請定為 **ILA01.ai**。

(2) 完成之檔案效果，需與展示檔 **Demo.tif** 相符。

3. 設計項目：

(1) 於「LOGO」圖層使用色票的粉色及藍紫色製作任意形狀漸層色底圖，
兩色設置於對角，並將此圖層置於最底層，效果請參考展示檔。

(2) 製作 5*20mm 的白色橢圓，轉換寬邊錨點，旋轉複製後製作成圖樣，
套用至與工作區域相同大小的矩形並調整不透明度，完成四方連續效
果，效果請參考展示檔。

(3) 製作 100*100mm 圓形，使用美工刀工具裁切成三份任意形狀，並填
上漸層色票，效果請參考展示檔。

(4) 置入圖檔 **BIRD.jpg** 取得向量圖並與漸層圓形重疊，製作白色透明漸
層效果，效果請參考展示檔。

(5) 輸入文字「BIRD CARNIVAL」於圖形下方，字體設置為 Elephant Regular，效果請參考展示檔。

4. 評分項目：

設計項目	配分	得分
(1)	3	
(2)	8	
(3)	2	
(4)	5	
(5)	2	
總分	20	

105 國王熊插圖...□易☑中□難

1. 題目說明：

　　本題使用填色、鋼筆、漸層、膨脹、漸變等工具的應用，配合描圖工具來繪製造型，檢核受測者是否具備圖形的繪圖與組合能力。

2. 作答須知：

　　(1) 請至 C:\ANS.CSF\IL01 目錄開啟 **ILD01.ai** 設計。完成結果儲存於 C:\ANS.CSF\IL01 目錄，檔案名稱請定為 **ILA01.ai**。

　　(2) 完成之檔案效果，需與展示檔 **Demo.tif** 相符。

3. 設計項目：

(1) 將提供的色票製作為顏色群組使用，填入適當顏色並製作陰影，效果請參考展示檔。

(2) 新增一圖層，繪製兩個圓形排列，製作光束效果並使用漸層填色，效果請參考展示檔。

(3) 新增一圖層，輸入「GOOD DAYS」套用「弧形」效果並製作漸變，
效果請參考展示檔。

(4) 繪製矩形使用「縮攏與膨脹」製作光芒形狀作為裝飾，縮放排列畫面
物件，效果請參考展示檔。

4. 評分項目：

設計項目	配分	得分
(1)	6	
(2)	5	
(3)	5	
(4)	4	
總分	20	

106 貼紙設計 ………………………………………………………… □易 ☑中 □難

1. 題目說明：

本題為造型貼紙設計，檢核受測者對基本繪圖工具的運用，以及是否具備圖形組合能力。

2. 作答須知：

(1) 請至 C:\ANS.CSF\IL01 目錄開啟 **ILD01.ai** 設計。完成結果儲存於 C:\ANS.CSF\IL01 目錄，檔案名稱請定為 **ILA01.ai**。

(2) 完成之檔案效果，需與展示檔 **Demo.tif** 相符。

3. 設計項目：

(1) 將提供的色票製作為顏色群組使用。調整圓形以筆畫寬度 20pt 的虛線製作出花邊形狀，再新增一個大 1cm 的圓作為底色，效果請參考展示檔。

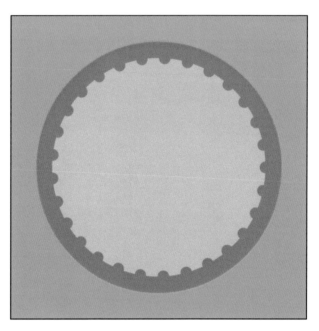

(2) 顯示「Plant pot」圖層，分割調整為花盆，效果請參考展示檔。

(3) 顯示「Flower」圖層，將黑色圓形以白色圓形的圓心為中心點，完成五個花瓣並套用任意漸層效果，框線為白色、4pt，效果請參考展示檔。

(4) 新增圖層命名為「Stem and leaf」，繪製莖和葉片，效果請參考展示檔。

(5) 將「Text」圖層文字製作成筆刷，繪製曲線呈現文字，效果請參考展
示檔。

4. 評分項目：

設計項目	配分	得分
(1)	4	
(2)	4	
(3)	6	
(4)	2	
(5)	4	
總分	20	

107 鹿旗 ‧‧ ☐易 ☑中 ☐難

1. 題目說明：

　　本題運用鋼筆工具、選取工具、直接選取工具、滴管工具等常用工具之用法與快捷鍵，加上填色與外框線設定、漸層陰影的製作，繪製多邊形插畫風格。

2. 作答須知：

　　(1) 請至 C:\ANS.CSF\IL01 目錄開啟 **ILD01.ai** 設計。完成結果儲存於 C:\ANS.CSF\IL01 目錄，檔案名稱請定為 **ILA01.ai**。

　　(2) 完成之檔案效果，需與展示檔 **Demo.tif** 相符。

3. 設計項目：

(1) 置入 **deer head.png**，寬、高調整為 550pt、584pt，用鋼筆工具繪製鹿頭左半邊，呈三角形所組成的切割面，並置於「deer head_L」圖層中，效果請參考展示檔。

 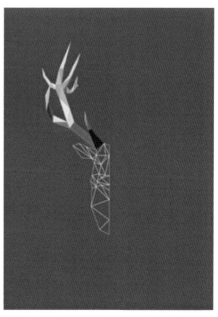

(2) 完成後運用滴管工具個別上色，再複製出右半邊鹿頭，圖層命名為「deer head_R」，最後刪除 **deer head.png**，效果請參考展示檔。

(3) 利用「flag」圖層中的形狀繪製長掛旗，填色為#2e8888、筆畫色彩為
　　#cbcbcb、寬度 10pt、虛線 9pt、間格 10pt，並做出色彩為#2f302f 的下
　　方陰影，效果請參考展示檔。

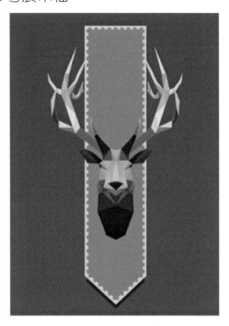

(4) 最後新增「drop shadow」圖層，利用網格工具繪製出鹿頭的陰影，效
　　果請參考展示檔。

4. 評分項目：

設計項目	配分	得分
(1)	8	
(2)	4	
(3)	4	
(4)	4	
總分	20	

108 蜜蜂花園插圖 ·· □易☑中□難

1. 題目說明：

本題使用基本幾何圖形、錨點工具、貝茲曲線、複合路徑、漸層工具的應用，檢核受測者是否具備圖形繪製、組合、製作能力。

2. 作答須知：

(1) 請至 C:\ANS.CSF\IL01 目錄開啟 **ILD01.ai** 設計。完成結果儲存於 C:\ANS.CSF\IL01 目錄，檔案名稱請定為 **ILA01.ai**。

(2) 完成之檔案效果，需與展示檔 **Demo.tif** 相符。

3. 設計項目：

(1) 繪製符合工作區域的矩形，使用色票 04、06 製作漸層背景並調整不透明度。使用色票 04、12 製作蜂巢漸層背景，效果請參考展示檔。

(2) 使用色票 03 製作草地，使用色票 07、08、09 製作太陽，效果請參考展示檔。

(3) 使用色票 04 製作花梗，色票 02、10 製作白花，色票 11、12 製作橘花，效果請參考展示檔。

(4) 使用色票 05 製作草，效果請參考展示檔。

(5) 使用色票 01、09、13、14 製作蜜蜂，效果請參考展示檔。

4. 評分項目：

設計項目	配分	得分
(1)	4	
(2)	3	
(3)	5	
(4)	4	
(5)	4	
總分	20	

109 活動地圖 ·························· □易□中☑難

1. 題目說明：

本題模擬手繪地圖草稿改繪製成電繪地圖，運用鉛筆與鋼筆、筆刷工具，繪製不同路徑線條來構成畫面，並利用形狀工具繪製簡單幾何造形，完成活動地圖設計。

2. 作答須知：

(1) 請至 C:\ANS.CSF\IL01 目錄開啟 **ILD01.ai** 設計。完成結果儲存於 C:\ANS.CSF\IL01 目錄，檔案名稱請定為 **ILA01.ai**。

(2) 完成之檔案效果，需與展示檔 **Demo.tif** 相符。

3. 設計項目：

(1) 新增圖層命名為「map」，依工作區域大小繪製矩形，套用左上方色票作為背景。描繪「matl」圖層上的地圖邊緣與右側湖泊，分別填入左上方色票的顏色，效果請參考展示檔。

(2) 利用炭筆筆刷，繪製粗細不同線條作為道路，並將右下方筆刷路徑分割出的區域填入左上方色票的深綠色，效果請參考展示檔。

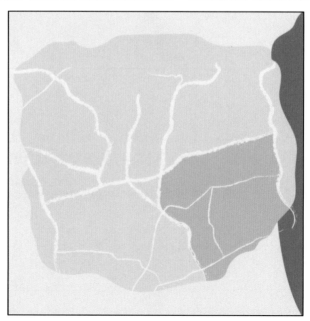

(3) 繪製河流曲線，並用寬度工具調整河流粗細變化。繪製火車鐵路，套用「邊框_新奇」的鐵軌，並於鐵軌兩處繪製深灰色圓角矩形作為車站，效果請參考展示檔。

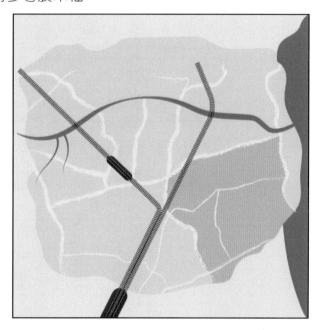

(4) 調整「matl」圖層的樹木圖片為向量物件，新增圖層命名為「landmark」，複製樹木並調整尺寸分佈在地圖右下角，再將所有樹木設為群組，效果請參考展示檔。

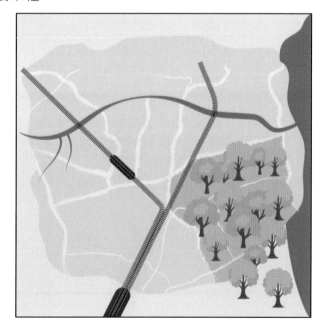

(5) 於「landmark」圖層繪製棕色建築物、噴水池、紅色地標、山及帳篷
　　（山及帳篷皆需有兩種顏色變化），再將各類物件分別設為群組，效
　　果請參考展示檔。

4. 評分項目：

設計項目	配分	得分
(1)	4	
(2)	5	
(3)	3	
(4)	3	
(5)	5	
總分	20	

110 美式卡通角色插畫 .... □易□中☑難

1. 題目說明：

本題運用基礎圖形的製作與編輯，檢核是否具備多樣圖形組合能力，結合色票的使用與創建，繪製美式風格特色的卡通角色。

2. 作答須知：

(1) 請至 C:\ANS.CSF\IL01 目錄開啟 **ILD01.ai** 設計。完成結果儲存於 C:\ANS.CSF\IL01 目錄，檔案名稱請定為 **ILA01.ai**。

(2) 完成之檔案效果，需與展示檔 **Demo.tif** 相符。

3. 設計項目：

(1) 將提供的色票製作為顏色群組使用，分割「BG」圖層的矩形再各別填色作為背景，筆畫為 2pt，效果請參考展示檔。

(2) 新增圖層命名為「Role」，製作 150*150px 的圓再繪製細節並使用 **Hand.ai** 完成美式風格的卡通角色，效果請參考展示檔。

(3) 使用 20*20px 的矩形製作成棋盤格圖樣，套用至「BG」圖層的右上角矩形，效果請參考展示檔。

(4) 使用 20*20px 的矩形製作成復古花磚圖樣，套用至「BG」圖層的左下角矩形，效果請參考展示檔。

(5) 顯示圖層「Dialog」建立星形對話框，並將文字調整為梯形再運用色票配色，效果請參考展示檔。

4. 評分項目：

設計項目	配分	得分
(1)	3	
(2)	7	
(3)	3	
(4)	4	
(5)	3	
總分	20	

4-3 第二類：圖文表現能力

本書範例題目內容為認證題型與命題方向之示範，正式測驗試題不以範例題目為限。

201 郵票設計 .... ☑易□中□難

1. 題目說明：

   活用「筆畫視窗」的各種數值設定，結合「路徑管理員」功能，製作出郵票外觀的圖形。

2. 作答須知：

   (1) 請建立一新文件進行設計。完成結果儲存於 C:\ANS.CSF\IL02 目錄，檔案名稱請定為 **ILA02.ai**。

   (2) 完成之檔案效果，需與展示檔 **Demo.tif** 相符。

3. 設計項目：

(1) 新增一列印文件，尺寸為 100*120mm。繪製 60*86mm 藍色矩形，使用筆畫寬度 8pt 的虛線製作郵票邊框，再繪製內縮 2mm、筆畫寬度 1.5pt 的白色裝飾線，效果請參考展示檔。

(2) 繪製 3 朵梅花並使用放射性漸層填色，效果請參考展示檔。

(3) 將梅花套用「彩色網屏」效果，效果請參考展示檔。

(4) 輸入「中華民國郵票」、「REPUBLIC OF CHINA (TAIWAN)」、「12」，
效果請參考展示檔。

4. 評分項目：

設計項目	配分	得分
(1)	8	
(2)	6	
(3)	3	
(4)	3	
總分	20	

202 **A5 書本封面** .... ☑易☐中☐難

1. 題目說明：

透過遮色片、路徑文字、區域文字、3D 等工具，製作 A5 書本封面含書背與折口。

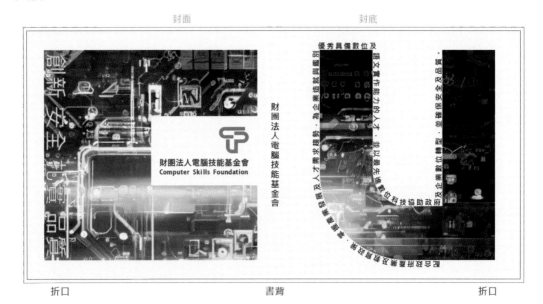

2. 作答須知：

(1) 請建立一新文件進行設計。完成結果儲存於 C:\ANS.CSF\IL02 目錄，檔案名稱請定為 **ILA02.ai**。

(2) 完成之檔案效果，需與展示檔 **Demo.tif** 相符。

3. 設計項目：

(1) 建立印刷文件，尺寸為 429*210mm、方向為橫向、出血為 3mm。並畫出左右 60mm（不含出血）的折口，置中寬 13mm 的書背，效果請參考展示檔。

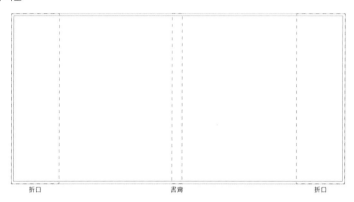

(2) 繪製矩形標示封面、封底範圍，為避免印刷誤差導致圖示顯示不完全，須各別預留 5mm 對折口的延展，效果請參考展示檔。

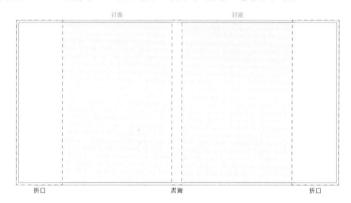

(3) 置入 **Logo.svg** 於封面。輸入「財團法人電腦技能基金會」於書背，字型為微軟正黑體 Bold、大小為 21pt、顏色為#001125、文字間距為 100。

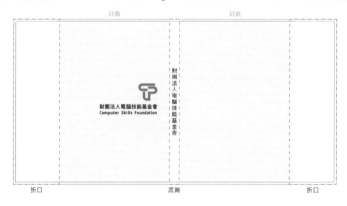

(4) 置入 **Technology.jpg**，取用 **Logo.svg** 部分圖形、繪製矩形，並運用裁剪遮色片工具製作封面與封底的圖片，效果請參考展示檔。

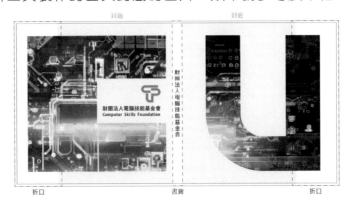

(5) 輸入「創新　安全　扎實　品質」，字型為微軟正黑體 Bold、大小為 55.8pt、文字間距為 10，套用 3D 膨脹效果，素材為牛津布料、光源為右，效果請參考展示檔。

(6) 利用 **Text.txt** 內的文字沿著封底狀排列，文字需與形狀保留 1mm 間距（起始位置須符合展示檔呈現），字型為微軟正黑體 Bold、大小為 18pt、顏色為#001125、文字間距為 180，再繪製淺灰色矩形作為底色，效果請參考展示檔。

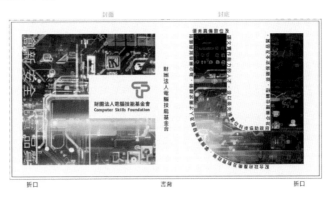

4. 評分項目：

設計項目	配分	得分
(1)	3	
(2)	3	
(3)	2	
(4)	4	
(5)	4	
(6)	4	
總分	20	

203 **THE BAG** .... ☑易□中□難

1. 題目說明：

本題目運用多邊形、複合路徑、筆刷及特效風格化等工具，測驗受試者是否具備變形、漸層、配色及遮色片等使用技巧，並可完成立體感呈現。

2. 作答須知：

(1) 請至 C:\ANS.CSF\IL02 目錄開啟 **ILD02.ai** 設計。完成結果儲存於 C:\ANS.CSF\IL02 目錄，檔案名稱請定為 **ILA02.ai**。

(2) 完成之檔案效果，需與展示檔 **Demo.tif** 相符。

3. 設計項目：

(1) 繪製兩個半徑為 50mm 的三角形，其中一個填上漸層色，並與 5*5mm 的正圓形製作複合路徑；另一個製作成寬度為 5pt 的橘黃色外框物件，作為茶包的基本造型，效果請參考展示檔。

漸層滑桿(左)	漸層滑桿(右)
C:65 Y:30、位置 35%	C:10 M:20 Y:30 K:10、位置 75%

(2) 將外框物件套用「炭筆色-厚重」筆刷，再調整漸變模式及不透明度，並利用遮色片將多餘的筆刷去除後，製作茶包的陰影效果，效果請參考展示檔。

(3) 在圖形內製作寬度為 0.5pt 的白色虛線，並排版物件，效果請參考展示檔。

(4) 繪製寬度 12mm、高度 28mm 的橢圓形，筆畫色彩為#a94f37、寬度 2pt，再套用「凸形」的彎曲效果，製作成繩索，效果請參考展示檔。

(5) 將掛繩物件組合並縮放，再製作陰影效果，最後將茶包旋轉-20 度與 掛繩結合，效果請參考展示檔。

4. 評分項目：

設計項目	配分	得分
(1)	5	
(2)	6	
(3)	2	
(4)	3	
(5)	4	
總分	20	

204 義大利麵宣傳圖 .... ☐易 ☑中 ☐難

1. 題目說明：

本題使用繪圖筆刷、錨點、網格、切割與符號噴灑工具的應用，使用繪圖筆刷工具來繪製義大利麵條，檢核受測者是否具備圖形的繪圖與組合能力。

2. 作答須知：

(1) 請至 C:\ANS.CSF\IL02 目錄開啟 **ILD02.ai** 設計。完成結果儲存於 C:\ANS.CSF\IL02 目錄，檔案名稱請定為 **ILA02.ai**。

(2) 完成之檔案效果，需與展示檔 **Demo.tif** 相符。

3. 設計項目：

(1) 匯入 **color.ase** 作為色票使用。繪製符合工作區域的矩形，使用色票 01、03 製作漸層背景，再利用符號資料庫的「點狀圖樣向量包 07」疊加層次並調整不透明度，效果請參考展示檔。

(2) 繪製圓形使用色票 00、11 製作盤子及邊框，使用色票 01、03 調整漸層及不透明度製作盤子內陰影，使用色票 01 調整不透明度為「色彩增值」作為盤子陰影。繪製矩形使用色票 00、04 製作 8*8 格正方形旋轉作為餐墊，使用色票 01 調整不透明度為「色彩增值」作為餐墊陰影，效果請參考展示檔。

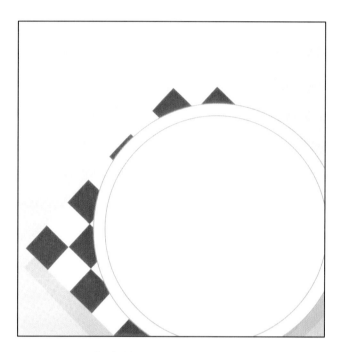

(3) 使用色票 06、07、08 完成義大利麵條，適當加上陰影效果。使用色
票 00、01、02 以網格工具繪製白醬，使用色票 01 調整不透明度為「色
彩增值」作為白醬陰影，效果請參考展示檔。

(4) 使用色票 09、10 製作羅勒葉。使用色票 00、04、05 完成番茄,製作
水滴為符號並以噴灑工具點綴義大利麵,效果請參考展示檔。

(5) 輸入「Pasta is always delicious」作為標題。置入 **LOGO.png** 縮放並
調整顏色為色票 04,輸入「DELICIOUS PASTA」調整為圓弧形狀圍
繞在 LOGO 上方。使用遮色片讓物件僅呈現在工作區域,效果請參考
展示檔。

4. 評分項目：

設計項目	配分	得分
(1)	4	
(2)	4	
(3)	4	
(4)	5	
(5)	3	
總分	20	

205 Travel agency .... □易 ☑中 □難

1. 題目說明：

本題目運用形狀工具、複合路徑、變形工具與剪裁遮色片等功能，檢核受試者在物件整合與分割的技巧，並了解物件光影變化與立體層次的呈現。

2. 作答須知：

(1) 請至 C:\ANS.CSF\IL02 目錄開啟 **ILD02.ai** 設計。完成結果儲存於 C:\ANS.CSF\IL02 目錄，檔案名稱請定為 **ILA02.ai**。

(2) 完成之檔案效果，需與展示檔 **Demo.tif** 相符。

3. 設計項目：

(1) 在「圖層 1」繪製寬度 125mm、高度 75mm 的橢圓形，複製「Travel」
圖樣，調整筆畫寬度為 35pt，並與橢圓形聯集後套用色彩#efefef 到
#00a0d9 的漸層，製作成文字背景，效果請參考展示檔。

(2) 新增「圖層 2」並複製文字背景，置於版面中央，填色修改為色彩
#00a0d9 到#4a4b9c 的漸層，再繪製半徑為 80mm、衰減 98%、區段
250 且筆畫為白色、透明度為 20%的螺旋狀物件，效果請參考展示檔。

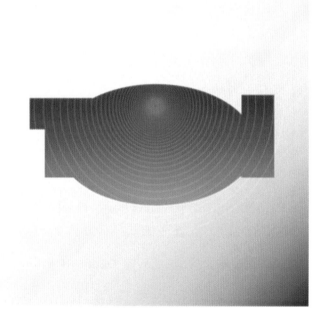

(3) 複製「圖層 1」的圖樣，製作文字鏤空的效果，效果請參考展示檔。

(4) 製作文字鏤空的陰影效果，陰影顏色為#0068a8，再製作剪裁遮色片，使螺旋狀物件只顯示在鏤空部分，效果請參考展示檔。

(5) 利用「圖層 1」的文字背景，修改筆畫寬度為 6pt、圓角、外側對齊且色彩為#00a0d9 與#4a4b9c 的漸層，並製作間距為 200 階的漸變效果，完成外框設計，效果請參考展示檔。

4. 評分項目：

設計項目	配分	得分
(1)	5	
(2)	4	
(3)	2	
(4)	4	
(5)	5	
總分	20	

206 **Lue COFFEE** 隨手杯包裝 ……………………………… □易☑中□難

1. 題目說明：

本題將學習使用 3D 效果製作包裝示意圖，並練習製作基本包裝設計。

2. 作答須知：

(1) 請至 C:\ANS.CSF\IL02 目錄開啟 **ILD02.ai** 設計。完成結果儲存於 C:\ANS.CSF\IL02 目錄，檔案名稱請定為 **ILA02.ai**。

(2) 完成之檔案效果，需與展示檔 **Demo.tif** 相符。

3. 設計項目：

(1) 於圖層「Cup」繪製杯子，包含杯蓋、杯子及杯套，再製作成 3D 迴轉
效果，效果請參考展示檔。

(2) 於圖層「sleeve」利用色票製作杯套包裝圖，輸入「Lue COFFEE」，字
體為 Forte Regular，素材須符合工作區域範圍，效果請參考展示檔。

(3) 複製杯套素材套用 3D「膨脹」效果，使用封套扭曲調整弧度，效果請
參考展示檔。

(4) 於杯套套用「sleeve」圖樣，縮放並調整圖樣位置，效果請參考展示檔。

(5) 調整杯子角度及光源，使用杯套素材製作背景圖，效果請參考展示檔。

4. 評分項目：

設計項目	配分	得分
(1)	4	
(2)	4	
(3)	4	
(4)	4	
(5)	4	
總分	20	

207 老樹 .... □易□中☑難

1. 題目說明：

本題透過自訂筆刷樣式、鋼筆與鉛筆工具的操作，進行圖形輪廓的編修，繪製有機線條之扁平式插畫風格。

2. 作答須知：

(1) 請至 C:\ANS.CSF\IL02 目錄開啟 **ILD02.ai** 設計。完成結果儲存於 C:\ANS.CSF\IL02 目錄，檔案名稱請定為 **ILA02.ai**。

(2) 完成之檔案效果，需與展示檔 **Demo.tif** 相符。

3. 設計項目：

(1) 分別用寬 125px、高 200px 以及寬 350px、高 20px 的橢圓，套用「tree」顏色群組的色彩，做出名為「leaf」的散落筆刷和「branch」的線條圖筆刷，完成後將圖層隱藏，效果請參考展示檔。（注意：大小比例）

leaf 散落筆刷　　branch 線條圖筆刷

(2) 新增圖層命名為「tree body」，使用半徑為 135px 的五邊形製作樹幹形狀，再運用「branch」筆刷製作樹枝，粗樹枝寬度為 2pt、中樹枝為 1pt、末枝為 0.5pt，且筆刷會依照線段長度進行縮放，效果請參考展示檔。

(3) 擴充樹枝外觀，再編修樹幹與粗樹枝外部輪廓，做出不規則線條，並全部聯集成單一物件，效果請參考展示檔。

(4) 新增圖層命名為「leaves」，調整「leaf」筆刷數值，運用「tree」顏色群組的色彩，做出四色樹葉所形成的樹冠，效果請參考展示檔。

(5) 新增圖層命名為「bg」，運用「bg」顏色群組的色彩製作三層遠山與背景效果，再以 86px 之正圓為太陽，調整尺寸及透明度製做出三層光暈效果，效果請參考展示檔。

4. 評分項目：

設計項目	配分	得分
(1)	3	
(2)	5	
(3)	3	
(4)	5	
(5)	4	
總分	20	

208 藍眼淚立體插畫 .... □易□中☑難

1. 題目說明：

本題運用形狀與圖形的繪製、變形以及筆刷、符號等工具的綜合運用，參考馬祖藍眼淚的色彩，設計具層次感的立體插畫卡片。

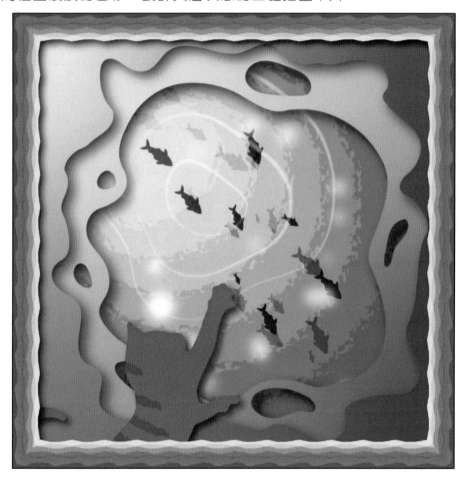

2. 作答須知：

(1) 請至 C:\ANS.CSF\IL02 目錄開啟 **ILD02.ai** 設計。完成結果儲存於 C:\ANS.CSF\IL02 目錄，檔案名稱請定為 **ILA02.ai**。

(2) 完成之檔案效果，需與展示檔 **Demo.tif** 相符。

3. 設計項目：

(1) 將「water」圖層上的大小兩圓，分別填入「matl」圖層左方兩個顏色，
   製作間距為 7 階的漸變效果，調整漸變中心位置及形狀，並加入「海
   浪效果」，效果請參考展示檔。

(2) 選取「matl」圖層的魚形形狀，製作成名為「散落 fish」的筆刷。新增
   圖層命名為「fish」，繪製左上至右下的「散落 fish」筆刷，製作魚群
   效果，並將魚群分別設定不透明度為「重疊」、「柔光」與「實光」，效
   果請參考展示檔。

(3) 新增圖層命名為「light」，繪製三圈同心圓，筆畫為白色且需有粗細寬度變化，調整形狀並設定不透明度為「柔光」，再設定「高斯模糊」。選取「matl」圖層的白色小圓製作為符號，點綴於圖形內，須調整尺寸及透明度並設定「高斯模糊」，效果請參考展示檔。

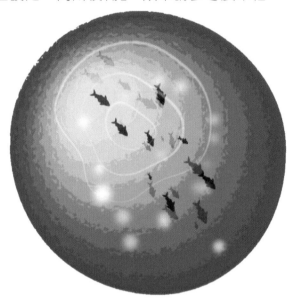

(4) 新增圖層命名為「rock」，繪製與工作區域相同尺寸的矩形，選用「matl」圖層中間三個顏色填入漸層色，於畫面中繪製不規則形狀，並於周邊繪製裝飾形狀，再進行路徑剪裁，設定陰影效果。重複以上步驟繪製另一個矩形，選用「matl」圖層右方三個顏色填入漸層色，於畫面中繪製不規則形狀，進行路徑剪裁並設定陰影效果，效果請參考展示檔。

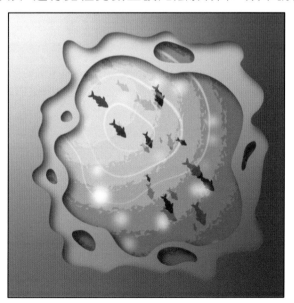

(5) 新增圖層命名為「cat」，複製「matl」圖層的貓咪形狀於畫面左下角，並使用「粉筆-圓角」筆刷在貓身上繪製斑紋。使用「松」筆刷繪製一個 2pt 的矩形外框，並將貓咪及外框加上陰影效果，效果請參考展示檔。（注意：物件不可超出工作區域）

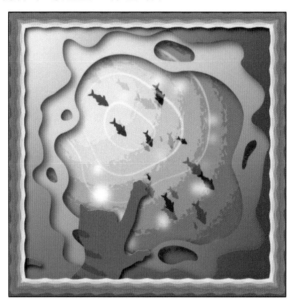

4. 評分項目：

設計項目	配分	得分
(1)	4	
(2)	4	
(3)	4	
(4)	4	
(5)	4	
總分	20	

209 TQC+ .... ☐易☐中☑難

1. 題目說明：

本題運用字元與物件之框線設定、圖樣屬性設定以及分割、漸變工具等綜合運用，設計具強烈設計風格之多層次字體。

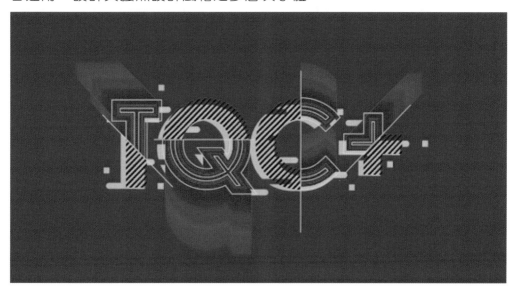

2. 作答須知：

(1) 請至 C:\ANS.CSF\IL02 目錄開啟 **ILD02.ai** 設計。完成結果儲存於 C:\ANS.CSF\IL02 目錄，檔案名稱請定為 **ILA02.ai**。

(2) 完成之檔案效果，需與展示檔 **Demo.tif** 相符。

3. 設計項目：

(1) 本題配色以色票面板中的「color」顏色群組為主。複製「title」圖層中的標題文字置於版面中央，設定三條框線，框線的偏移距離分別為 5pt、-5pt、-10pt，中間藍線粗細為 2pt，其餘為灰線 1pt，效果請參考展示檔。

(2) 繪製四條寬度為 1pt 的直線，做為字元的分割線，將部分區域合併後，套用「基本圖樣-直線」的「10 lpi 50%」色票，並旋轉 45 度，效果請參考展示檔。

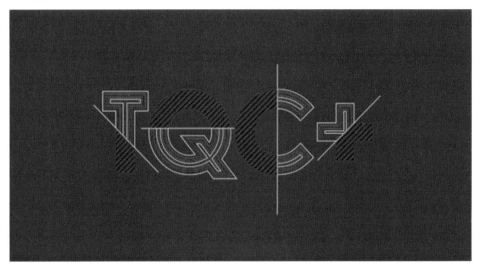

(3) 運用漸變工具製作色彩漸層，效果請參考展示檔。

(4) 在「title」圖層下方新增圖層命名為「shifting text」，複製「title」圖
層的標題文字，整理形狀路徑並製作背景的偏移效果，效果請參考展
示檔。

4. 評分項目：

設計項目	配分	得分
(1)	6	
(2)	6	
(3)	3	
(4)	5	
總分	20	

210 ▸ Skyscraper in City .... ☐易☐中☑難

1. 題目說明：

我們經常會用城市裡高聳的大樓來構圖，讓透視的張力在平面中展現出美感。Illustrator 便是讓我們輕易完成構圖的捷徑。在這裡，我們將應用透視網格工具，畫出一點透視的大樓，並使用它製作海報。一起來試試吧！

2. 作答須知：

(1) 請建立一新文件進行設計。完成結果儲存於 C:\ANS.CSF\IL02 目錄，檔案名稱請定為 **ILA02.ai**。

(2) 完成之檔案效果，需與展示檔 **Demo.tif** 相符。

3. 設計項目：

(1) 新增一網頁用檔案，尺寸為寬 2732px、高 4096px。置入 **Skyscraper.jpg**，旋轉並縮放。新增圖層命名為「GuideLine」，參考大樓的邊緣繪製紅色輔助線找出消失點，效果請參考展示檔。

(2) 使用單點透視法參考紅色輔助線調整透視線條，設定水平面的格線為酒紅色，效果請參考展示檔。

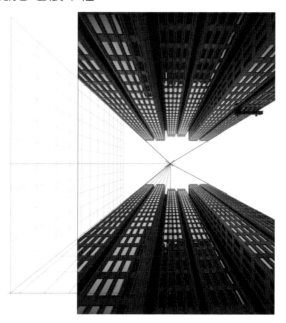

(3) 新增圖層命名為「AllBuildings」，參考透視線及底圖完成所有窗戶：

● 製作正面的窗戶，顏色為#ddffff，垂直等距複製並設定群組，
命名為「Windows」，水平複製群組 3 次，再設定 4 組
「Windows」為群組，命名為「Building」。

● 製作側面的窗戶，顏色為#88cccc，垂直等距複製並設定群組，
命名為「Windows2」，水平複製群組 3 次，再設定 4 組
「Windows2」為群組，命名為「SideBuilding」。

● 複製「Building」、「SideBuilding」群組完成所有窗戶，效果請
參考展示檔。

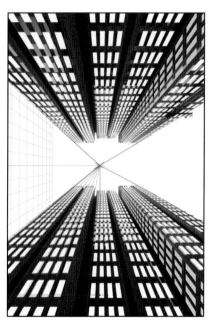

(4) 在「AllBuildings」圖層繪製大樓牆面，顏色分別為亮面#ffaa22、中間
調#cc6600、暗面#992200，將完成的高樓鏡射複製，完成大樓的牆面，
並設定所有牆面物件為群組，命名為「Walls」。新增圖層命名為
「Background」，繪製符合工作區域的矩形作為背景，顏色為#ccf3f0，
效果請參考展示檔。

(5) 新增圖層命名為「Title」，輸入「Top Quality City World Expo」，字型
　　為 Impact、置中對齊、顏色為#2ec4b6、傾斜為 15°、旋轉為 15°。
　　使用漸變製作文字外框，顏色為#7f47dd。繪製 1200px 的白色圓形，
　　調整不透明度並設定高斯模糊點綴畫面，效果請參考展示檔。

4. 評分項目：

設計項目	配分	得分
(1)	3	
(2)	4	
(3)	5	
(4)	4	
(5)	4	
總分	20	

4-4　第三類：圖文整合設計能力

本書範例題目內容為認證題型與命題方向之示範，正式測驗試題不以範例題目為限。

301　Space ··· ☑易□中□難

1. 題目說明：

本題使用漸層、漸變工具，以及各種光暈的做法，創造繽紛的色彩層次，檢核受測者對顏色的判斷與應用。

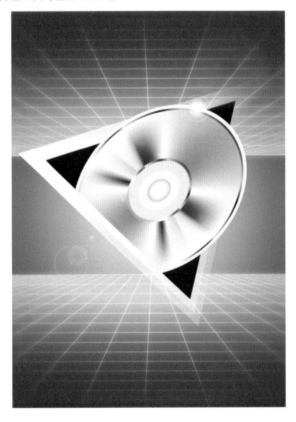

2. 作答須知：

(1) 請至 C:\ANS.CSF\IL03 目錄開啟 **ILD03.ai** 設計。完成結果儲存於 C:\ANS.CSF\IL03 目錄，檔案名稱請定為 **ILA03.ai**。

(2) 完成之檔案效果，需與展示檔 **Demo.tif** 相符。

3. 設計項目：

(1) 繪製一個與工作區域相同尺寸的矩形，以及另外兩個較小的矩形，使用色票面板中的「blue bg」漸層色票進行配色，使三個矩形界線分明，效果請參考展示檔。

(2) 製作兩個白色到透明的矩形格線，水平分隔線數量為 20，垂直分隔線數量為 30，並製作出梯形的透視感，最後套用白色的外光暈效果，模糊設定為 0.2cm，效果請參考展示檔。

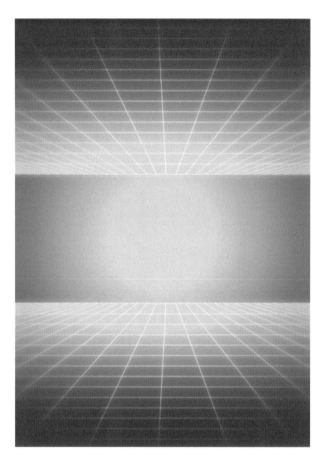

(3) 將文件內所附之光碟元素,利用色票面板中的「disk1」~「disk6」色
　　票進行配色,並利用漸變工具,製作階數為 50 的彩虹漸變效果,最
　　後變形為傾斜的橢圓形,效果請參考展示檔。

(4) 繪製一個三角形，填色為 R:27 G:20 B:100，並設定兩層筆畫，第一層
　　為 15pt、第二層為 30pt，筆畫皆為外側對齊且顏色為白色到透明的漸
　　層色，最後利用此三角形，製作光碟左下角消失的效果，效果請參考
　　展示檔。

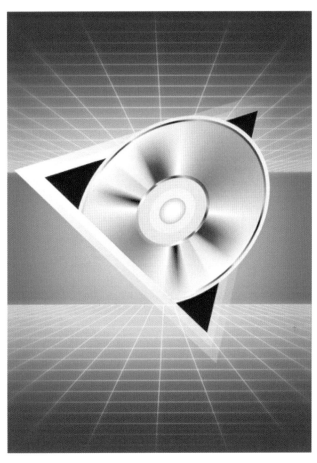

(5) 最後製作一個往左下角放射的反光效果，效果請參考展示檔。

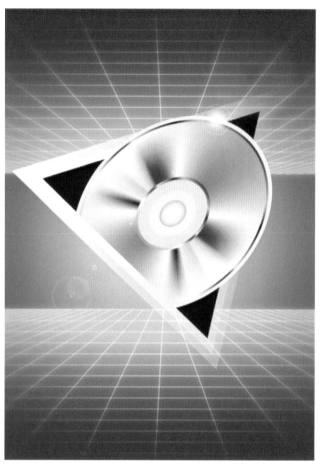

4. 評分項目：

設計項目	配分	得分
(1)	5	
(2)	6	
(3)	6	
(4)	5	
(5)	3	
總分	25	

302 **Flashlight**..☑易☐中☐難

1. 題目說明：

　　本題目以 CAD 3D 圖面轉 2D 三視圖線徑為基礎，進行線徑分割、清理及封閉路徑上色，將實體 3D 建模轉換為向量插畫圖形，廣泛結合產品設計與視覺商品。應用於商品廣告圖形配色與產品使用手冊及產品 Logo 圖像設計。

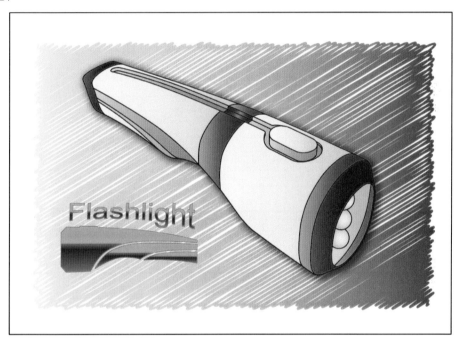

2. 作答須知：

　　(1) 請至 C:\ANS.CSF\IL03 目錄開啟 **ILD03.ai** 設計。完成結果儲存於 C:\ANS.CSF\IL03 目錄，檔案名稱請定為 **ILA03.ai**。

　　(2) 完成之檔案效果，需與展示檔 **Demo.tif** 相符。

3. 設計項目：

(1) 清除「Flashlight」圖層的多餘線條，並將筆畫寬度調整為 1.5pt，效果
請參考展示檔。

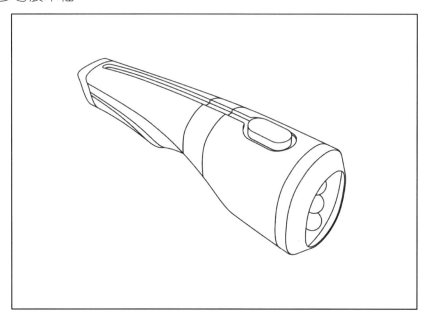

(2) 利用即時上色工具，以漸層的大地色調色票為封閉區域上色，並製作
模糊 1.7mm 的陰影，效果請參考展示檔。

(3) 在「Three View」圖層，選擇左下角線稿，移除多餘線條，並將其他
視圖移除。於圖形上方，輸入「Flashlight」，字體為 Arial Regular，效
果請參考展示檔。

(4) 將左下角線稿與文字套用照亮樣式的鉻黃高光，再調整文字為封套並
設定弧形及旋轉角度符合下方線稿曲線，效果請參考展示檔。

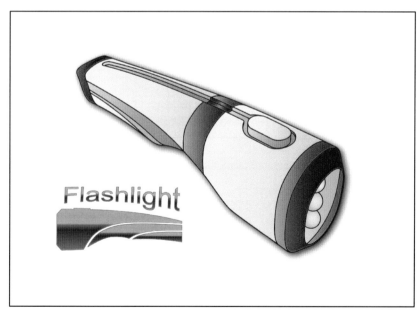

(5) 選取「bg」圖層內的矩形，調整色彩為橘、黃漸層，並套用塗抹效果，效果請參考展示檔。

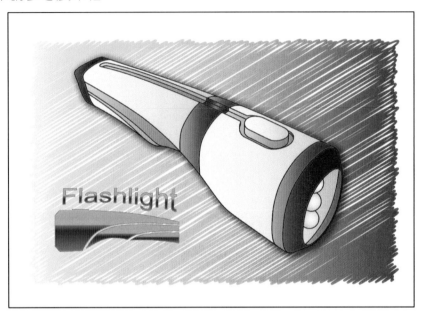

4. 評分項目：

設計項目	配分	得分
(1)	7	
(2)	8	
(3)	4	
(4)	4	
(5)	2	
總分	25	

303 積木名畫 ·· ☑易□中□難

1. 題目說明：

本題活用多個「物件」選項以及「效果」功能，製作出近似塑膠積木組合出世界名畫的圖形，最後以 AI 生成功能填上新顏色。

2. 作答須知：

(1) 請建立一新文件進行設計。完成結果儲存於 C:\ANS.CSF\IL03 目錄，檔案名稱請定為 **ILA03.ai**。

(2) 完成之檔案效果，需與展示檔 **Demo.tif** 相符。

3. 設計項目：

    (1) 新增一列印文件，尺寸為 120*145mm。繪製矩形套用「筆畫效果」再使用影像描圖調整木紋，繪製符合工作區域的矩形，完成木紋背景，效果請參考展示檔。

    (2) 置入 **monalisa.jpg**，製作數目 20*25 的馬賽克圖形，效果請參考展示檔。

(3) 複製馬賽克圖形將每個方塊轉化為 3*3mm 圓形並增加陰影，效果請
參考展示檔。

(4) 將畫作套用科學 4 色重新上色，再使用生成式重新上色調整為粉紅色
系，效果請參考展示檔。

4. 評分項目：

設計項目	配分	得分
(1)	8	
(2)	3	
(3)	9	
(4)	5	
總分	25	

5. 其他說明：

　　此題為人工智慧相關應用題，僅提供考生練習使用，不列為認證測驗考題。

304 Sugar Market Share .... □易 ☑中 □難

1. 題目說明：

資訊圖像是表達數字與抽象概念最好的方法。在這題要使用的是圖表工具，再加上 3D 材質等，便可做出專業的統計圖表，同時還可以修改統計數字，讓統計圖也一起改變！

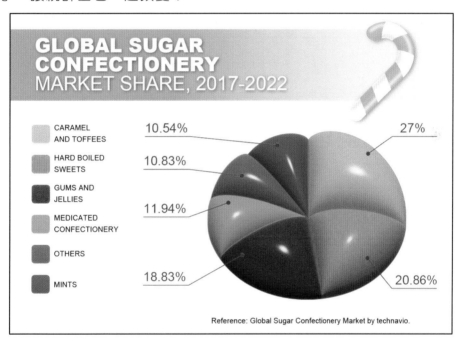

2. 作答須知：

(1) 請建立一新文件進行設計。完成結果儲存於 C:\ANS.CSF\IL03 目錄，檔案名稱請定為 **ILA03.ai**。

(2) 完成之檔案效果，需與展示檔 **Demo.tif** 相符。

3. 設計項目：

(1) 開啟一個 A4 尺寸橫式的新檔案，並將預設的工作區域命名為
「Statistics」，匯入色票 **GlobalSugar.ase**，使用色票完成後續設計。利
用 **Text.txt** 的內容完成圓形圖，效果請參考展示檔。

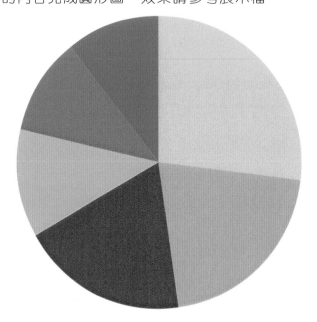

(2) 套用 3D「膨脹」效果，旋轉圓形圖的 X 軸並調整素材、光源，將圖
製作成如糖果口感的 3D 圖，效果請參考展示檔。

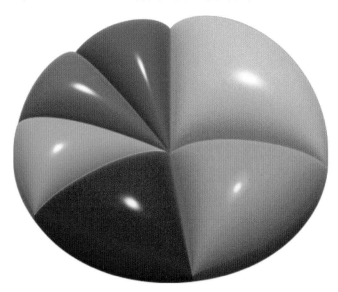

(3) 使用 **Text.txt** 的內容完成標題、說明文字、資料來源等資訊，標題文字須加上陰影，效果請參考展示檔。

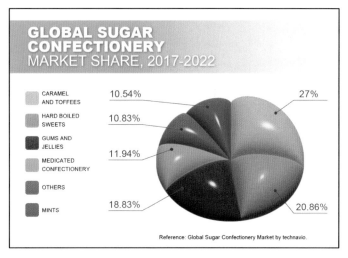

(4) 繪製拐杖糖花紋製作為線條圖筆刷，效果請參考展示檔。

(5) 繪製線條套用筆刷完成拐杖糖。在拐杖糖外緣繪製白色線條，內緣繪製淺灰色線條，分別套用高斯模糊製作物件立體陰影。製作拐杖糖與畫面的陰影，再套用高斯模糊，效果請參考展示檔。

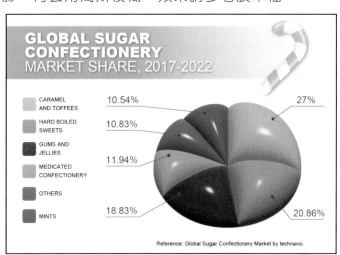

4. 評分項目：

設計項目	配分	得分
(1)	3	
(2)	5	
(3)	6	
(4)	5	
(5)	6	
總分	25	

305 THE DREAM...□易☑中□難

1. 題目說明：

本題使用圖片與漸層素材整合設計，透過特效能快速呈現特別的藝術效果，顏色的搭配有助於意境的呈現，最後編排文字讓作品更加完整。

2. 作答須知：

(1) 請至 C:\ANS.CSF\IL03 目錄開啟 **ILD03.ai** 設計。完成結果儲存於 C:\ANS.CSF\IL03 目錄，檔案名稱請定為 **ILA03.ai**。

(2) 完成之檔案效果，需與展示檔 **Demo.tif** 相符。

3. 設計項目：

(1) 繪製一個與工作區域相同尺寸的矩形，使用網格工具與色票面板內的「sky」顏色群組，製作出背景，效果請參考展示檔。

(2) 新增「圖層 2」，置入 **bridge.jpg** 與 **silhouette.jpg**，製作為向量物件（注意：橋中間的旗子需保留），再使用「上弧形」的彎曲效果設計叢林造型，彎曲設定為-26%。最後使用色票面板中的「silhouette」顏色群組進行配色並縮放排版於版面中，效果請參考展示檔。

(3) 繪製正圓形製作月亮及星球的造型，填色皆使用白色到透明的漸層，
並將月亮套用「外光暈」效果，效果請參考展示檔。

(4) 新增「圖層 3」，利用「縮攏與膨脹」效果，繪製一個六芒星，並製作
為符號，將其大量的分布在天空中，須調整尺寸及透明度。接著繪製
一個與工作區域相同尺寸的矩形，使用色票面板中的「light」顏色群
組填入放射狀漸層，再調整漸變模式及透明度來混色，效果請參考展
示檔。

(5) 將工作區域的尺寸修改為寬 29.7cm，高 40cm。接著複製所有物件並鏡射，作為倒影，放置於「圖層 1」（注意：不可跑版），再利用遮色片，使倒影下方較透明。最後將倒影套用「調色刀」效果，設定筆觸大小為 39，筆觸細緻度為 3，柔軟度為 6；以及「海浪效果」，設定波紋大小為 12，波紋強度為 9，效果請參考展示檔。

(6) 新增「圖層 4」，輸入「THE COUNTRY OF DREAMS」，字型為 Times New Roman Regular，顏色白色，調整行距並將段落設定為「強制齊行」，建立外框，放在工作區域的正中間，請參考展示檔。

4. 評分項目：

設計項目	配分	得分
(1)	3	
(2)	4	
(3)	4	
(4)	5	
(5)	6	
(6)	3	
總分	25	

306 音樂活動入場券設計 .... ☐易☑中☐難

1. 題目說明：

本題目為音樂活動入場券設計，先完成文件設定，運用幾何靈活變化、搭配參考線與文字編排完成設計，最後將印刷檔案完稿標記。

2. 作答須知：

(1) 請至 C:\ANS.CSF\IL03 目錄開啟 **ILD03.ai** 設計。完成結果儲存於 C:\ANS.CSF\IL03 目錄，檔案名稱請定為 **ILA03.ai**。

(2) 完成之檔案效果，需與展示檔 **Demo.tif** 相符。

3. 設計項目：

(1) 在工作區域增加出血 2mm，調整矩形符合出血範圍，在工作區域左 20mm、右 10mm、上下 5mm，加入四條參考線，效果請參考展示檔。

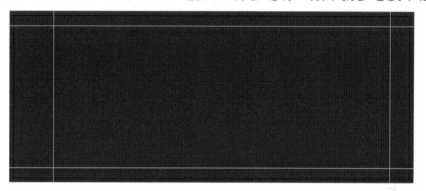

(2) 在矩形增加粒狀紋理效果，強度為 20、對比為 40，並在靠右 40mm 處增加一條虛線作為撕角處，效果請參考展示檔。

(3) 顯示「Record」圖層，調整外圈筆畫為 1.5pt、內圈筆畫為 0.5pt，製作階數 20 的漸變繪製出唱片，調整不透明度為 20%，並移至對齊左邊參考線，效果請參考展示檔。

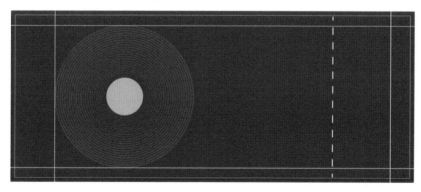

(4) 顯示「text」圖層，對齊參考線排版，將主標題「EUPHORIA NIGHT」
與副標題「CPOP KPOP JPOP」加入彎曲效果，複製標題字縮放擺放
至撕角處並對齊參考線，效果請參考展示檔。

(5) 顯示「Decoration」圖層，調整裝飾圓為星形，並調整裝飾線為平滑曲
線，效果請參考展示檔。

(6) 將完稿標記成印刷設定，加入裁切線並標記騎縫線，另外新增一個工
作區域，製作局部上光，包含標題字與所有星形，效果請參考展示檔。

4. 評分項目：

設計項目	配分	得分
(1)	5	
(2)	3	
(3)	5	
(4)	4	
(5)	3	
(6)	5	
總分	25	

307　花卉展覽海報設計 .... □易 ☑中 □難

1. 題目說明：

本題檢測能否運用 AI 人工智慧，提供精確指令以產生符合需求的素材，使用各種工具、效果，調整素材與編排，設計出豐富視覺的海報。

2. 作答須知：

(1) 請至 C:\ANS.CSF\IL03 目錄開啟 **ILD03.ai** 設計。完成結果儲存於 C:\ANS.CSF\IL03 目錄，檔案名稱請定為 **ILA03.ai** 及 **ILA03.pdf**。

(2) 完成之檔案效果，需與展示檔 **Demo.tif** 相符。

3. 設計項目：

(1) 調整工作區域尺寸為 A4 並增加出血 3mm，繪製符合出血範圍的矩形，使用色票製作漸層，效果請參考展示檔。

(2) 顯示「Visual」圖層，使用文字建立向量圖形生成色彩繽紛的花朵與大型葉片，編排物件與文字並適當製作物件交錯，效果請參考展示檔。

(3) 調整文字顏色並加入 3D「突出與斜角」效果，開啟光線追蹤以低解析
度進行算繪，效果請參考展示檔。

(4) 使用 **Text.txt** 的內容完成文字排版，再製作階數 30 的漸變矩形，漸
變模式為「飽和度」，效果請參考展示檔。

(5) 於左下角繪製矩形，使用文字建立向量圖形生成熱帶雨林植物的圖樣，效果請參考展示檔。

(6) 儲存一 PDF 格式檔案 **ILA03.pdf**，並設定包含所有印表機標記，其餘設定使用預設值。

4. 評分項目：

設計項目	配分	得分
(1)	3	
(2)	8	
(3)	5	
(4)	4	
(5)	3	
(6)	2	
總分	25	

5. 其他說明：

此題為人工智慧相關應用題，僅提供考生練習使用，不列為認證測驗考題。

308 診所名片 ⋯⋯⋯⋯⋯⋯⋯⋯⋯⋯⋯⋯⋯⋯⋯⋯⋯⋯⋯□易□中☑難

1. 題目說明：

本題使用路徑管理員繪製 LOGO 繪圖筆刷、錨點、文字排版、四方連續圖形工具的應用，使用局部上光加工印刷方式製作，檢核受測者是否具備圖形的繪圖與組合能力及印刷規格能力。

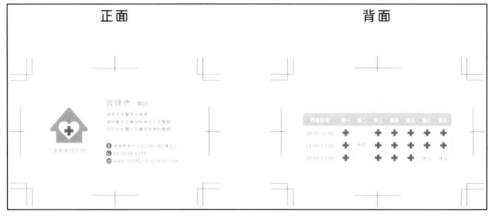

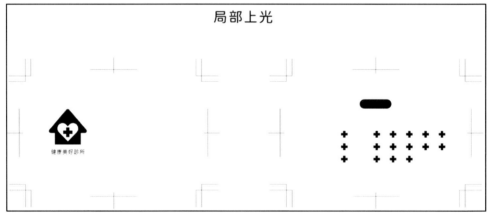

2. 作答須知：

(1) 請至 C:\ANS.CSF\IL03 目錄開啟 **ILD03.ai** 設計。完成結果儲存於 C:\ANS.CSF\IL03 目錄，檔案名稱請定為 **ILA03.ai**。

(2) 完成之檔案效果，需與展示檔 **Demo.tif** 相符。

3. 設計項目：

　(1) 在「底圖」圖層使用色票 00 製作符合正面、背面工作區域的矩形作
　　　為底圖。在「裁切線、出血線」圖層繪製 90*54mm 的矩形加入日式
　　　裁切標記，效果請參考展示檔。

　(2) 在「文字」圖層名片正面使用色票製作 LOGO。使用色票 03 輸入「健
　　　康美好診所」於 LOGO 下方，效果請參考展示檔。

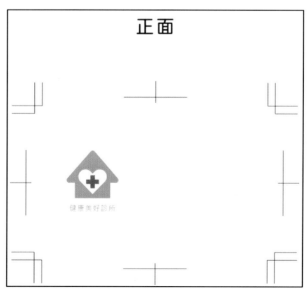

(3) 在「文字」圖層使用 **Text.txt** 的內容編排至名片正面，顏色為色票 05，並在資訊旁放上對應 ICON，效果請參考展示檔。

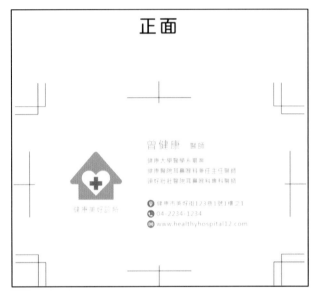

(4) 在「底圖」圖層使用色票 04 製作 1.75*1.75mm 十字，旋轉後製作為圖樣，完成名片區域四方連續效果，設定拼貼類型為「磚紋（依列）」，並調整不透明度，效果請參考展示檔。

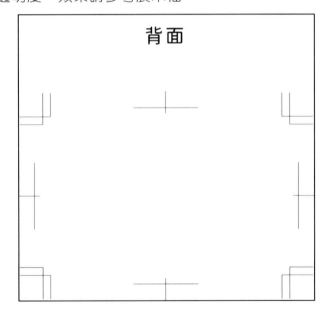

(5) 在「文字」圖層使用 **Text.txt** 的內容編排至名片背面，完成門診時間表格，效果請參考展示檔。

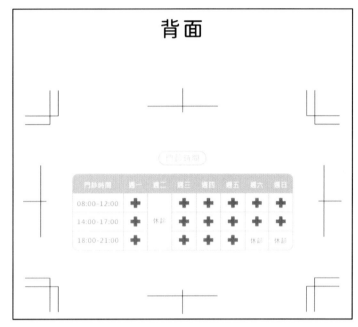

(6) 在「局部上光」圖層使用色票 K100 完成 LOGO、圓角矩形及十字物件局部上光稿（注意：上光位置需與印刷稿相同），效果請參考展示檔。

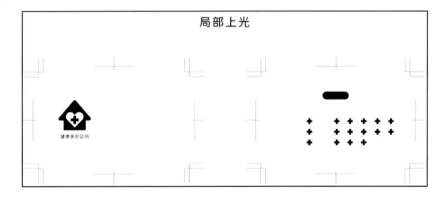

4. 評分項目：

設計項目	配分	得分
(1)	4	
(2)	4	
(3)	4	
(4)	4	
(5)	5	
(6)	4	
總分	25	

309 郵票 .... ☐易☐中☑難

1. 題目說明：

本題涵蓋著多種特效功能的應用，以及繪圖與切割功能的搭配，亦在顏色規劃與調色的使用上需有概念與應變能力，在呈現造型與材質多有幫助，可應用於常見的插畫作品或圖示設計中。

2. 作答須知：

(1) 請至 C:\ANS.CSF\IL03 目錄開啟 **ILD03.ai** 設計。完成結果儲存於 C:\ANS.CSF\IL03 目錄，檔案名稱請定為 **ILA03.ai**。

(2) 完成之檔案效果，需與展示檔 **Demo.tif** 相符。

3. 設計項目:

(1) 將文件的方向由直式改為橫式,並設定出血為 0.3cm,接著將色票面板中的三個特別色修改為 CMYK 印刷色,做為後續配色使用,效果請參考展示檔。

(2) 繪製一個與出血範圍相同大小的矩形,利用「彩繪玻璃」效果製作多邊形特效,設定儲存格大小為 49,邊界粗細為 19,光源強度為 0,最後填入適當色彩並降低不透明度,效果請參考展示檔。

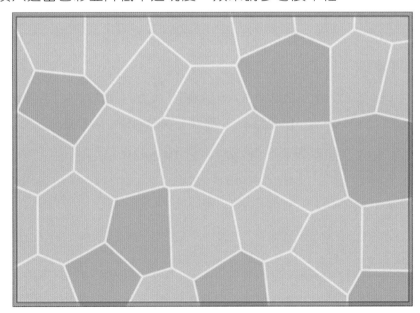

(3) 繪製信封造型並填色,再套用「紋理化」效果,增加畫布質感,設定縮放為 80%、浮雕為 5、光源為「頂端」,再使用「陰影效果」製作信封的影子,效果請參考展示檔。

(4) 使用網格工具調整蘋果色彩及明暗程度,使蘋果更加立體,接著利用「鋸齒化」效果製作出郵票造型,再輸入黑色數字「5」,字體不限,調整大小後建立外框,排版於版面中,最後製作郵票的陰影,效果請參考展示檔。

(5) 將「AIR MAIL」郵戳顏色修改為橘紅（注意：須維持為點陣圖），接著將「飛機」郵戳，製作為向量並填色，兩個郵戳的漸變模式皆設定為「色彩增值」、不透明度為 90%，效果請參考展示檔。

4. 評分項目：

設計項目	配分	得分
(1)	3	
(2)	6	
(3)	5	
(4)	6	
(5)	5	
總分	25	

310 幼兒園圖表 DM .... □易□中☑難

1. 題目說明：

本題目為幼兒園 DM 設計，透過圖與表的資訊呈現繪製，搭配文字與圖形及連續圖背景的結合，完成 DM 海報設計。

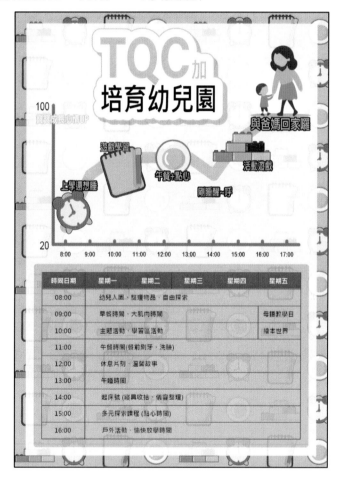

2. 作答須知：

(1) 請至 C:\ANS.CSF\IL03 目錄開啟 **ILD03.ai** 設計。完成結果儲存於 C:\ANS.CSF\IL03 目錄，檔案名稱請定為 **ILA03.ai**。

(2) 完成之檔案效果，需與展示檔 **Demo.tif** 相符。

3. 設計項目：

(1) 選取「matl1」圖層的時鐘、筆記本、荷包蛋、積木，製成底色為橘黃色的圖樣，新增圖層命名為「bg」，依工作區域繪製矩形，使用圖樣製作四方連續效果，設定拼貼類型為「磚紋（依欄）」，調整不透明度作為背景，再製作外框，效果請參考展示檔。

(2) 新增圖層命名為「chart」，繪製橘黃色圓角矩形，漸變模式為「柔光」，再繪製矩形格線，調整格線後將上排表格填入橘紅色，並置中對齊圓角矩形，效果請參考展示檔。

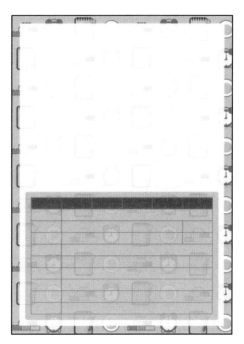

(3) 使用「matl2」圖層的文字資訊排列至表格，並調整上方星期文字為白色，效果請參考展示檔。

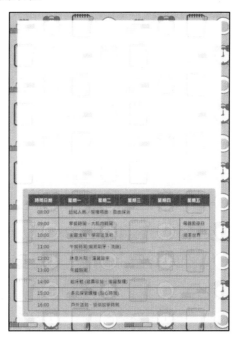

(4) 使用「matl3」圖層的文字資訊製作折線圖於畫面中上方,設定圖表類型並調整軸線和折線的筆畫、顏色,再調整圖表字體為 Arial Regular,效果請參考展示檔。

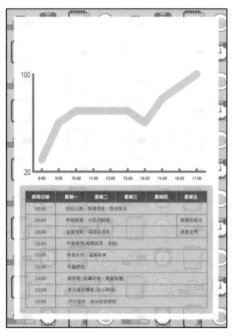

(5) 新增圖層命名為「draw」,使用「matl1」圖層的內容,調整擺放於折線圖,使用「matl4」圖層的內容,調整擺放至適當位置,效果請參考展示檔。

4. 評分項目：

設計項目	配分	得分
(1)	6	
(2)	4	
(3)	3	
(4)	6	
(5)	6	
總分	25	

4-5 第四類：圖文應用能力

本書範例題目內容為認證題型與命題方向之示範，正式測驗試題不以範例題目為限。

401 拼貼藝術 ··· ☑易☐中☐難

1. 題目說明：

本題運用圖片堆疊來創造層次，並以 V 字型構圖設計，強化視覺活潑程度，筆刷使用以及元件的點狀排列強調視覺導引線。

2. 作答須知：

(1) 請至 C:\ANS.CSF\IL04 目錄開啟 **ILD04.ai** 設計。完成結果儲存於 C:\ANS.CSF\IL04 目錄，檔案名稱請定為 **ILA04.ai**。

(2) 完成之檔案效果，需與展示檔 **Demo.tif** 相符。

3. 設計項目：

(1) 將 **Block.psd**、**Flower.psd**、**Freedom.psd**、**Green.psd**、**Hand.psd**、**Horse.psd**、**Sign.psd** 等影像素材檔置入於工作區域，並將影像進行排列縮放，效果請參考展示檔。

(2) 製作漸層背景，並使用輔助色漸層製作光芒效果，效果請參考展示檔。

(3) 繪製中央的線段並填入漸層色，效果請參考展示檔。

(4) 繪製圓形圖樣，並使用噴槍工具創作潑墨構圖，效果請參考展示檔。

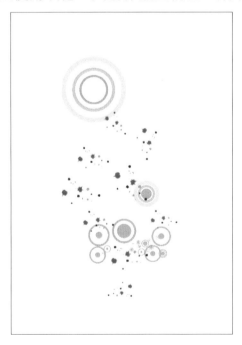

(5) 將所有的影像、物件及外框文字進行圖文排列，儲存檔案時，請將連結的檔案也一併儲存在 **ILA04.ai** 之中，效果請參考展示檔。

4. 評分項目：

設計項目	配分	得分
(1)	8	
(2)	5	
(3)	5	
(4)	7	
(5)	10	
總分	35	

402 巧克力包裝 .... ☑易☐中☐難

1. 題目說明：

本題活用多個繪圖工具，快速製作圖形素材與圖騰，完成商業包裝視覺。

2. 作答須知：

(1) 請建立一新文件進行設計。完成結果儲存於 C:\ANS.CSF\IL04 目錄，檔案名稱請定為 **ILA04.ai**。

(2) 完成之檔案效果，需與展示檔 **Demo.tif** 相符。

3. 設計項目：

(1) 新增一列印文件，尺寸為 200*90mm。繪製柳橙及黃底製作成圖樣套用至符合工作區域的矩形作為背景並縮放圖樣尺寸，效果請參考展示檔。

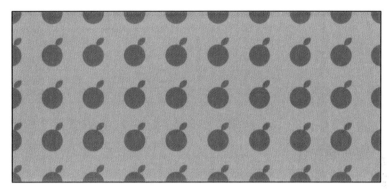

(2) 繪製對稱花框圖形並製作內縮的咖啡色框線，效果請參考展示檔。

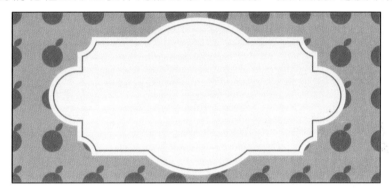

(3) 使用 Text.txt 內的文字完成標題與內文，將標題調整為全部大寫並在下方增加一顆星星裝飾，效果請參考展示檔。

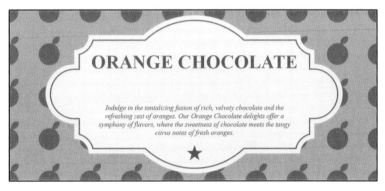

(4) 將標題套用「拱形」效果,再使用線段製作箭頭,效果請參考展示檔。

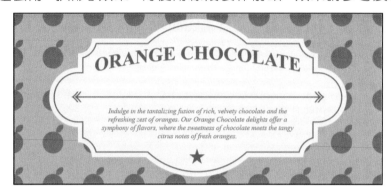

(5) 置入 **Orange.jpg** 套用「網屏圖樣」,不透明度為「色彩增值」,效果請參考展示檔。

4. 評分項目:

設計項目	配分	得分
(1)	7	
(2)	10	
(3)	5	
(4)	5	
(5)	8	
總分	35	

403 森林住宅建案 **A4** 文宣 ....☑易□中□難

1. 題目說明：

透過 Illustrator AI 工具，以及遮色片、路徑管理員、滴管、文字等工具，
製作出森林中住宅的文宣。

2. 作答須知：

(1) 請建立一新文件進行設計。完成結果儲存於 C:\ANS.CSF\IL04 目
錄，檔案名稱請定為 **ILA04.ai**。

(2) 完成之檔案效果，需與展示檔 **Demo.tif** 相符。

3. 設計項目：

(1) 建立印刷文件，尺寸為 A4、方向為橫向、出血為 1mm。繪製與出血範圍相同尺寸的矩形作為背景，顏色為#BCAF88。使用文字建立向量圖形生成房子並展開，調整圖形僅留下外框與窗戶，效果請參考展示檔。

(2) 置入 **Color.png**、**Raw Concrete.png**，製作清水模材質的房屋並繪製窗戶的框線，效果請參考展示檔。

(3) 置入 **Forest.png** 與房子邊緣保留間距，效果請參考展示檔。

(4) 使用文字建立向量圖形生成枯木樹林，套用色票顏色並排列，效果請參考展示檔。

(5) 輸入「與自然共生」、「找到，屬於自己的那片林」，使用色票填色，再繪製水平線，效果請參考展示檔。

(6) 使用色票顏色繪製樹幹並調整透明度，效果請參考展示檔。

4. 評分項目：

設計項目	配分	得分
(1)	8	
(2)	6	
(3)	4	
(4)	6	
(5)	4	
(6)	7	
總分	35	

5. 其他說明：

此題為人工智慧相關應用題，僅提供考生練習使用，不列為認證測驗考題。

404 **Folder Design Template** .... ☑易☐中☐難

1. 題目說明：

本題為公文夾模板設計，資料夾或公文夾是常見的辦公文具之一，視覺設計師往往須熟悉版型設計，以符合印刷的需要。

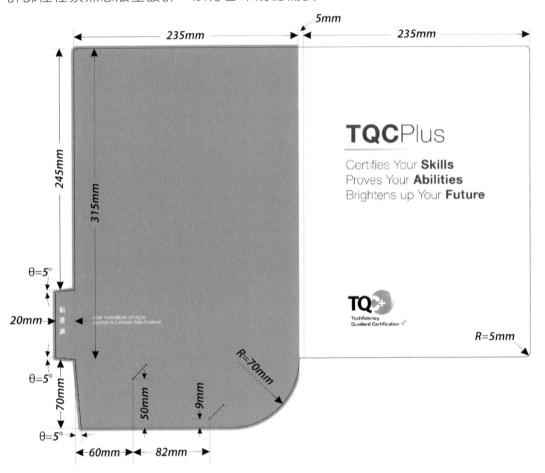

2. 作答須知：

(1) 請建立一新文件進行設計。完成結果儲存於 C:\ANS.CSF\IL04 目錄，檔案名稱請定為 **ILA04.ai** 及 **ILA04.ait**。

(2) 完成之檔案效果，需與展示檔 **Demo.tif** 相符。

3. 設計項目：

(1) 開啟檔案：

● 新增一列印用文件，尺寸為四六版對開（760*520mm）。

● 修改「圖層 1」名稱為「GuideLine」，根據題目中所給的尺寸，在適當的位置增加水平與垂直參考線，以利刀模繪製，效果請參考展示檔。

(2) 建立一新圖層，命名為「Outline」，將資料夾之刀模外框繪製在這個圖層中：

● 以寬度為 0.5pt 之黑色實線，沿著最外框繪製刀模線。

● 將資料夾之左上、右上、右下製作半徑為 5mm 的圓角。

● 將下方口袋的右方製作半徑為 70mm 的圓角。

● 依照下圖尺寸，製作兩處名片斜角插口，效果請參考展示檔。

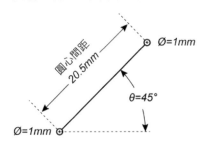

(3) 建立一個新圖層，命名為「Press」，使用寬度為 0.5pt 之綠色虛線製作
4 條壓線軋模，效果請參考展示檔。

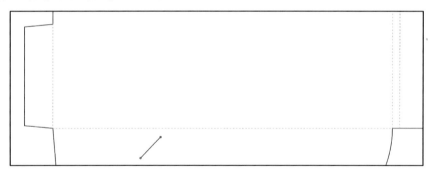

(4) 建立 Illustrator 的範本檔：

● 在最下方建立一個新圖層，命名為「CoverDesign」，並將
「Press」、「Outline」及「GuideLine」圖層切換為鎖定狀態。

● 將完成的刀模圖存成 **ILA04.ait**，供重複使用。

(5) 使用完成的範本檔設計資料夾：

● 以使用範本的方式開啟 **ILA04.ait**。

● 將 **TQC+.jpg** 置入「CoverDesign」圖層中，將圖片調整至適當
位置，請留意出血。

● 將完成的檔案另存為 **ILA04.ai**。

4. 評分項目：

設計項目	配分	得分
(1)	5	
(2)	15	
(3)	5	
(4)	5	
(5)	5	
總分	35	

405 懸疑海報設計 ·· ☐易 ☑中 ☐難

1. 題目說明：

　　本題為海報設計，運用綜合性向量繪圖功能、素材裁切與圖文配置技巧，並以 AI 人工智慧功能，產生符合需求的素材與置換顏色，設計具有懸疑效果的宣傳海報。

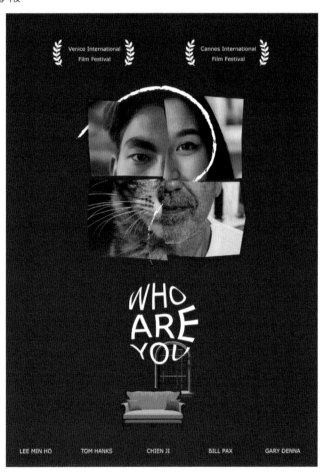

2. 作答須知：

　　(1) 請至 C:\ANS.CSF\IL04 目錄開啟 **ILD04.ai** 設計。完成結果儲存於 C:\ANS.CSF\IL04 目錄，檔案名稱請定為 **ILA04.ai**。

　　(2) 完成之檔案效果，需與展示檔 **Demo.tif** 相符。

3. 設計項目：

(1) 在「BG」圖層繪製一個工作區域大小的矩形，使用提供的色票製作漸層並套用紋理化，效果請參考展示檔。

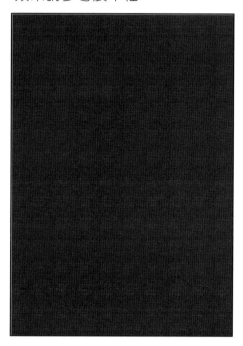

(2) 在「圖層 1」圖層使用 **Text.txt** 的文字完成排版。繪製葉子裝飾，以筆刷的方式完成桂冠圖案，效果請參考展示檔。

(3) 繪製矩形，分割後以粗糙效果加入自然扭曲，創造破碎感。置入
Face1.jpg 至 **Face4.jpg** 裁切為一張臉，效果請參考展示檔。

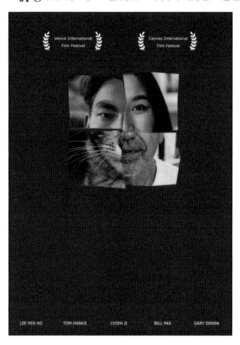

(4) 用炭筆筆刷繪製「?」曲線。調整角色照片順序，使線條與角色照片上
下交錯，其中左上角與右下角角色照片加入陰影，效果請參考展示檔。

(5) 繪製一個圓形，以曲線的方式分割為三等份。輸入「WHO」、「ARE」、「YOU」，分別依照分割的形狀變形，效果請參考展示檔。

(6) 使用文字建立向量圖形，生成沙發與窗戶，再以生成式重新上色完成恐怖、老舊、復古的色系，效果請參考展示檔。

4. 評分項目：

設計項目	配分	得分
(1)	3	
(2)	5	
(3)	8	
(4)	4	
(5)	5	
(6)	10	
總分	35	

5. 其他說明：

　　此題為人工智慧相關應用題，僅提供考生練習使用，不列為認證測驗考題。

406 Milk Box Design Template .... □易 ☑中 □難

1. 題目說明：

本題為鮮乳盒的模板設計，鮮乳盒的設計方法，已被應用在許多包裝上，雖然看似簡單，但要設計出尺寸精確的稿件，更需留意細節的繪製。

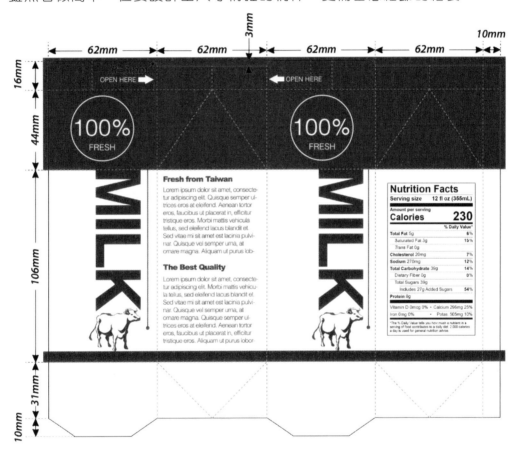

2. 作答須知：

(1) 請建立一新文件進行設計。完成結果儲存於 C:\ANS.CSF\IL04 目錄，檔案名稱請定為 **ILA04.ai** 及 **ILA04.ait**。

(2) 完成之檔案效果，需與展示檔 **Demo.tif** 相符。

3. 設計項目：

(1) 開啟檔案：

● 新增一列印用文件，尺寸為橫向 A3。

● 修改「圖層 1」名稱為「GuideLine」，根據題目中所給的尺寸，在適當的位置增加水平與垂直參考線，以便稍候繪製設計元素，效果請參考展示檔。

(2) 建立一新圖層，命名為「Outline」，將鮮乳盒之刀模外框繪製在此圖層中：

● 以寬度為 0.5pt 的黑色實線，沿著最外框繪製刀模線。

● 將鮮乳盒上方刀模設計圖中紅色標示處，製作半徑為 3mm 的圓角，效果請參考展示檔。

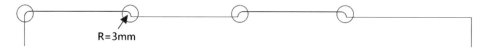

● 將鮮乳盒下方依尺寸設計黏合處，效果請參考展示檔。

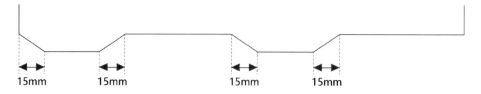

(3) 建立一個新圖層，命名為「Press」，使用寬度為 0.5pt 之綠色虛線製作壓線軋模，效果請參考展示檔。

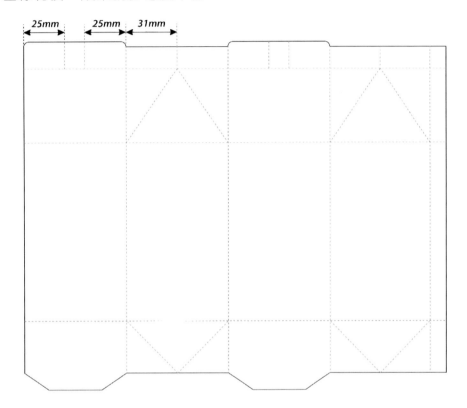

(4) 建立 Illustrator 的範本檔：

● 在最下方建立一個新圖層，命名為「CoverDesign」，並將「Press」、「Outline」及「GuideLine」圖層切換為鎖定狀態，最後隱藏「GuideLine」圖層。

● 將完成的刀模圖存成 **ILA04.ait**，供日後重複使用。

(5) 使用完成的範本檔設計鮮乳盒：

● 以使用範本的方式開啟 **ILA04.ait**。

● 將 **MilkBox.jpg** 圖檔置入「CoverDesign」圖層中，將圖片調整至適當位置，請留意出血。

● 將完成的檔案另存為 **ILA04.ai**。

4. 評分項目：

設計項目	配分	得分
(1)	8	
(2)	10	
(3)	8	
(4)	5	
(5)	4	
總分	35	

407 flora ·· ☐易 ☑中 ☐難

1. 題目說明：

本題目為企業視覺之設計應用，利用視覺元素與排版之技巧，在構圖與元素上互相搭配，延續應用於各項物品。

2. 作答須知：

(1) 請至 C:\ANS.CSF\IL04 目錄開啟 **ILD04.ai** 設計。完成結果儲存於 C:\ANS.CSF\IL04 目錄，檔案名稱請定為 **ILA04.ai**。

(2) 完成之檔案效果，需與展示檔 **Demo.tif** 相符。

3. 設計項目：

   (1) 將工作區域的尺寸修改為 A3 橫式，並設定出血為 0.3cm。

   (2) 繪製一個工作區域尺寸一半的深藍色矩形，並複製一個置於上層，填入檔案內所附之圖樣名稱為「編織」的色票，適當調整色票的圖樣大小與透明度，漸變模式為「色彩增值」，使其與藍色矩形顏色相融；最後繪製一個藍色透明半圓形圖案，效果請參考展示檔。

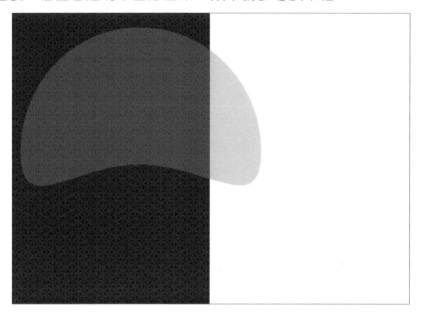

   (3) 利用檔案內所附的花瓣和花蕊，將其旋轉與複製完成一朵花，效果請參考展示檔。

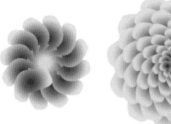

(4) 繪製葉子造型，填入綠色漸層色票後，利用 Illustrator 效果製作鋸齒般的扭曲效果；並使用切割工具分割為上下兩半，微調漸層使上下兩半分明，最後以封套扭曲效果將其扭曲，效果請參考展示檔。

(5) 將葉片複製另一片並調整角度，與製作好的花朵組合在一起，並製作陰影，配置請參考展示檔。

(6) 複製花朵如下圖，將所有物件製作遮色片，使其符合背景藍色矩形之大小，配置請參考展示檔。

(7) 使用檔案內所附之杯子造型,利用遮色片將製作好的元素與杯身結合;並利用遮色片效果製作倒影,複製杯子造型與倒影,利用調色工具改變另一個杯子的顏色,效果請參考展示檔。

(8) 使用檔案內所附之文字 **Words.doc**,使用字體為 Myriad Pro,字級大小、顏色與段落設定效果請參考展示檔,最後需將文字建立外框。

4. 評分項目：

設計項目	配分	得分
(1)	2	
(2)	4	
(3)	2	
(4)	8	
(5)	6	
(6)	5	
(7)	5	
(8)	3	
總分	35	

408 水族館登入頁介面設計 ……………………………… □易 ☑中 □難

1. 題目說明：

本題為網頁介面設計，運用向量繪圖、圖片裁切與標誌設計技巧，搭配排版與圖文整合能力，完成登入頁的 UI 設計。

2. 作答須知：

(1) 請至 C:\ANS.CSF\IL04 目錄開啟 **ILD04.ai** 設計。完成結果儲存於 C:\ANS.CSF\IL04 目錄，檔案名稱請定為 **ILA04.ai**。

(2) 完成之檔案效果，需與展示檔 **Demo.tif** 相符。

3. 設計項目：

(1) 複製背景，套用半徑 20 像素的高斯模糊，以寬 1000px、高 600px、圓角半徑 8px 的圓角矩形裁切，並加入陰影，製作出玻璃擬真感 UI 視窗介面，效果請參考展示檔。

(2) 建立相同尺寸的圓角矩形，填色為白色、不透明度為 50%、漸變模式為「柔光」，加強視窗介面的亮度，效果請參考展示檔。

(3) 置入 **Logo.ai**，調整筆畫寬度及圓形路徑，並製作「T」橫線為波浪，效果請參考展示檔。

(4) 置入 **Ocean.jpg**，以左上角圓角半徑為 200px，其他三個圓角半徑為 8px 的矩形裁切，效果請參考展示檔。

(5) 設計輪播元件，加入切換頁數按鈕與輪播頁數指示器，元件需加入不透明度 16%的黑色底色，效果請參考展示檔。

(6) 將提供的色票製作為顏色群組使用。利用 **Text.txt** 的文字完成標題與內文，製作輸入欄位與按鈕，效果請參考展示檔。

4. 評分項目：

設計項目	配分	得分
(1)	7	
(2)	3	
(3)	5	
(4)	5	
(5)	5	
(6)	10	
總分	35	

409 **No Music No Life** ·· ☐易☐中☑難

1. 題目說明：

本題目使用筆刷工具繪製特殊圖案之線條，加入模糊及透明度效果，使圖案層次感加強，並使用 Photoshop 效果，製作網屏效果，再以混色模式與透明度製作層次微調，最後加入特色標題字設計，完成影像與向量整合之作品。

2. 作答須知：

(1) 請至 C:\ANS.CSF\IL04 目錄開啟 **ILD04.ai** 設計。完成結果儲存於 C:\ANS.CSF\IL04 目錄，檔案名稱請定為 **ILA04.ai** 及 **ILA04.pdf**。

(2) 完成之檔案效果，需與展示檔 **Demo.tif** 相符。

3. 設計項目：

(1) 繪製一矩形製作漸層背景，並利用切割工具將背景作適當切割，再置入影像檔 **Music.psd**，色彩、位置等效果請參考展示檔。

(2) 使用 Photoshop 效果，製作網屏圖樣，效果請參考展示檔。

(3) 使用檔案內所附之五線譜圖案元素，自訂筆刷，並繪製五線譜線條，位置、效果等請參考展示檔。

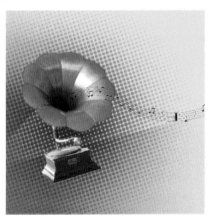

(4) 將音符元素製作散佈構圖，並使用模糊工具與透明度工具，調整構圖與層次，效果請參考展示檔。

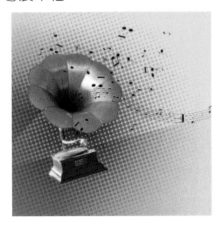

(5) 使用文字工具，與五線譜元素做結合，製作特色標題字，並填入適當顏色與陰影，最後製作圓角矩形之遮罩，效果請參考展示檔。

(6) 儲存檔案時，請將連結的檔案也一併儲存在 **ILA04.ai** 之中。並儲存一PDF 格式檔案 **ILA04.pdf**，並設定包含所有印表機標記，其餘設定使用預設值。

4. 評分項目：

設計項目	配分	得分
(1)	2	
(2)	8	
(3)	6	
(4)	6	
(5)	10	
(6)	3	
總分	35	

410　Social Media ROI Report ....□易□中☑難

1. 題目說明：

資訊圖像是表達數字與抽象概念最好的方法。在這題要使用的是圖表工具、透視工具，再加上 3D 旋轉等，便可做出具有透視感的專業統計圖表，修改統計數字後，讓統計圖也一起改變呢！

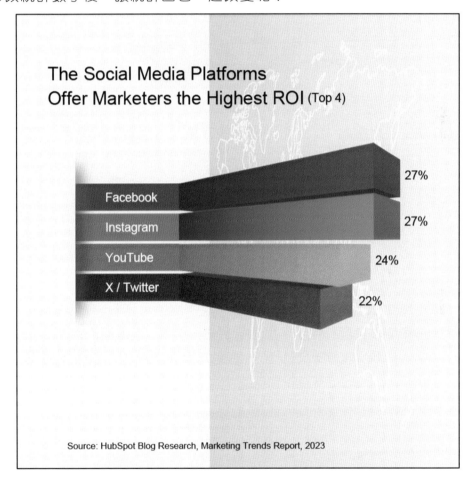

2. 作答須知：

(1) 請建立一新文件進行設計。完成結果儲存於 C:\ANS.CSF\IL04 目錄，檔案名稱請定為 **ILA04.ai**。

(2) 完成之檔案效果，需與展示檔 **Demo.tif** 相符。

3. 設計項目：

(1) 新增一網頁用檔案，尺寸為 1500px 正方形，並將預設的工作區域命名為「Social Media Platform」，使用 **Text.txt** 的資訊完成長條圖，效果請參考展示檔。

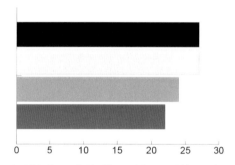

(2) 調整長條圖為 3D 立體透視感的效果並分別填上漸層色，在左側加上標籤，呈現出更強烈的透視，效果請參考展示檔。

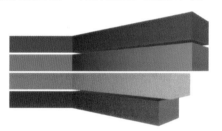

(3) 使用 **Text.txt** 的內容完成標題、說明文字、資料來源等資訊。在標籤左側製作橢圓形陰影，並使用長方形剪裁，讓橢圓形陰影僅呈現一半。製作背景，左側為淺灰色，右側為深灰色漸層，效果請參考展示檔。

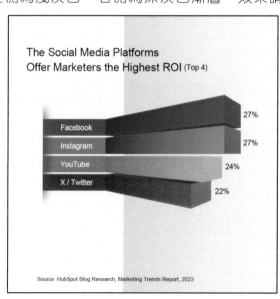

(4) 繪製兩條紅色輔助線，找出適當的透視點，並使用單點透視法調整透視線條，置入 **WorldMap.eps** 並調整尺寸，根據透視線貼在右側背景，讓世界地圖具有透視感，最後隱藏紅色輔助線，效果請參考展示檔。

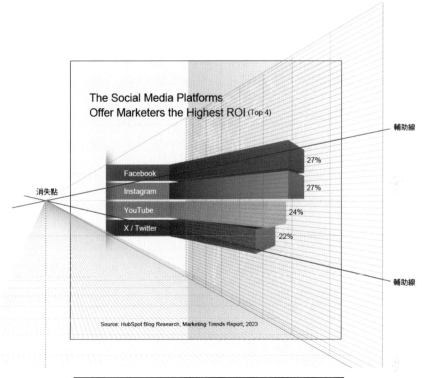

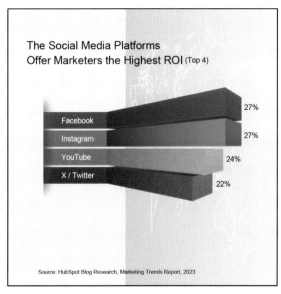

4. 評分項目：

設計項目	配分	得分
(1)	4	
(2)	12	
(3)	7	
(4)	12	
總分	35	

5

Chapter

測驗系統操作說明

5-1　TQC+ 認證測驗系統-Client 端程式安裝流程

步驟一： 執行附書系統，選擇「T5 ExamClient 單機版_IL9_Setup.exe」開始安裝程序。

（附書系統下載連結及系統使用說明，請參閱「0-2-如何使用本書」）

步驟二： 在詳讀「授權合約」後，若您接受合約內容，請按「接受」鈕繼續安裝。

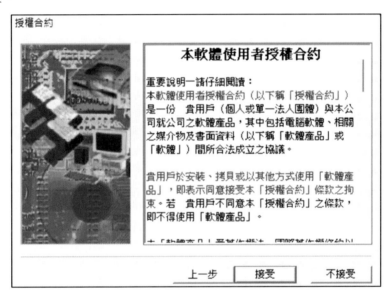

步驟三： 輸入「使用者姓名」與「單位名稱」後，請按「下一步」鈕繼續安
裝。

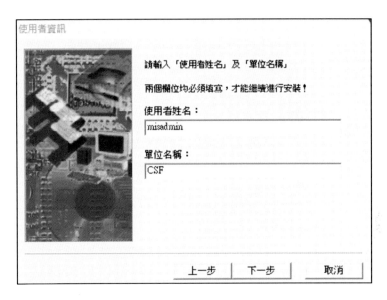

步驟四： 可指定安裝磁碟路徑將系統安裝全任何一台磁碟機，惟安裝路徑必
須為該磁碟機根目錄下的《ExamClient(T5).csf》資料夾。安裝所需
的磁碟空間約 154MB。

步驟五： 本系統預設之「程式集捷徑」在「開始/所有程式」資料夾第一層，
　　　　名稱為「CSF 技能認證體系」。

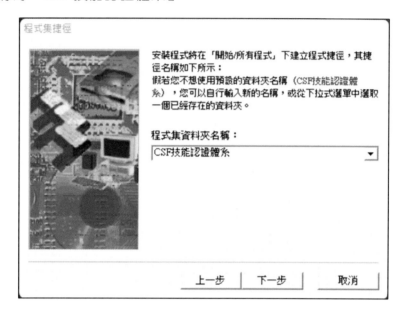

步驟六： 安裝前相關設定皆完成後，請按「安裝」鈕，開始安裝。

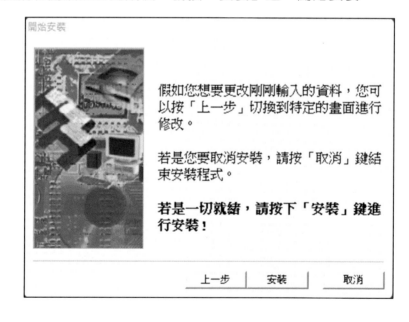

步驟七： 以上的項目在安裝完成之後，安裝程式會詢問您是否要執行版本的更新檢查，請按「下一步」鈕。建議您執行本項操作，以確保「TQC+認證測驗系統-Client 端程式（電腦繪圖設計 Illustrator CC 第 3 版）」為最新的版本。

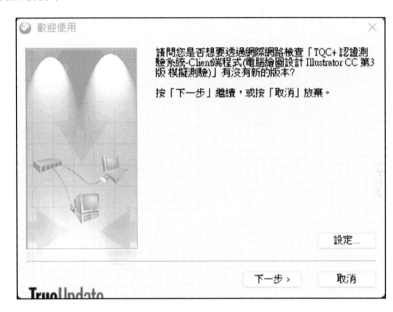

步驟八： 接下來進行版本的比對，請按「下一步」鈕。

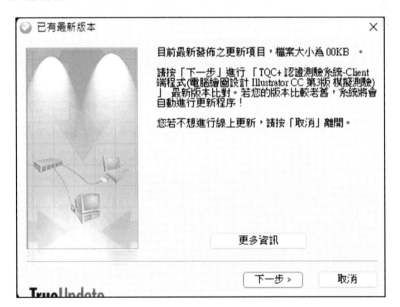

步驟九：　更新完成後，請按下「關閉」鈕。

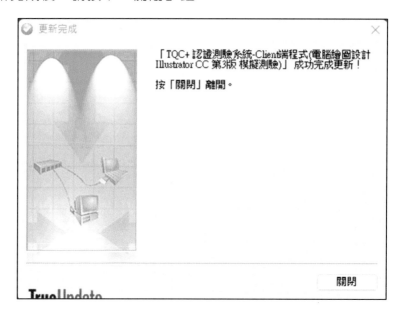

步驟十：　安裝完成！您可以透過提示視窗內的客戶服務機制說明，取得關於
　　　　　本項產品的各項服務。按下「完成」鈕離開安裝畫面。

5-2　程式權限及使用者帳戶設定

一、系統管理員權限設定，請依以下步驟完成：

步驟一： 於「TQC+ 認證測驗系統 T5-Client 端程式」桌面捷徑圖示按下滑鼠右鍵，點選「內容」。

建立捷徑(S)

刪除(D)

重新命名(M)

內容(R)

TQC+ 認證
測驗系統
T5-Client端
程式

步驟二： 選擇「相容性」標籤，勾選「以系統管理員的身分執行此程式」，按下「確定」後完成設定。

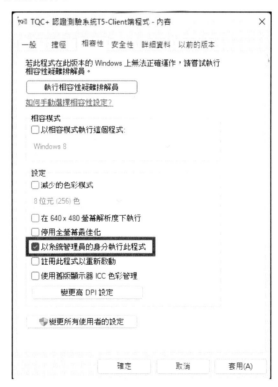

❖ 註：若要避免每次執行都會出現權限警告訊息，請參考下一頁使用者帳戶控制設定。

二、使用者帳戶控制設定方式如下：

步驟一：　點選「控制台/使用者帳戶/使用者帳戶」。

步驟二：　進入「變更使用者帳戶控制設定」。

步驟三： 開啟「選擇電腦變更的通知時機」，將滑桿拉至「不要通知」。

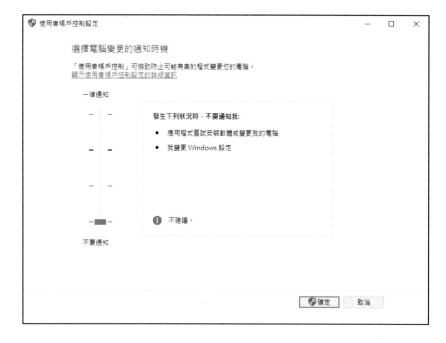

步驟四： 按下「確定」後，請務必重新啟動電腦以完成設定。

5-3 測驗操作程序範例

在測驗之前請熟讀「5-3-1 測驗注意事項」，瞭解測驗的一般規定及限制，以免失誤造成扣分。

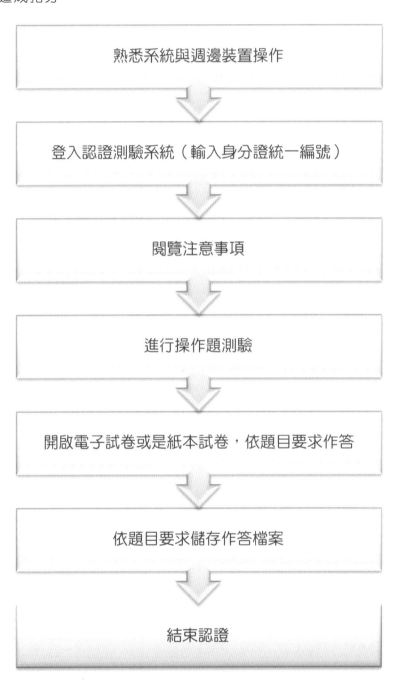

熟悉系統與週邊裝置操作

登入認證測驗系統（輸入身分證統一編號）

閱覽注意事項

進行操作題測驗

開啟電子試卷或是紙本試卷，依題目要求作答

依題目要求儲存作答檔案

結束認證

5-3-1 測驗注意事項

一、電腦繪圖設計 Illustrator CC 第 3 版：

　　操作題第一至四類各考一題共四題，第一題至第二題 20 分、第三題 25 分、第四題 35 分，總計 100 分。於測驗時間 60 分鐘內作答完畢並存檔完成，成績 70 分（含）以上者合格。

二、執行桌面的「TQC+ 認證測驗系統 T5-Client 端程式」，請依指示輸入：

　　1. 試卷編號，如 IL9-0001，即輸入「IL9-0001」。

　　2. 進入測驗準備畫面，聽候監考老師口令開始測驗。

　　3. 測驗開始，測驗程式開始倒數計時，請依照題目指示作答。

　　4. 計時終了無法再作答及修改，請聽從監考人員指示。

三、聽候監考人員指示。有任何問題請舉手發問，切勿私下交談。

5-3-2 測驗操作演示

　　現在我們假設考生甲報考的是電腦繪圖設計認證 Illustrator CC 第 3 版，試卷編號為 IL9-0001。（❖ 註：本書「第六章 範例試卷」中，內含範例三回試卷可供使用者模擬實際認證測驗之情況，登入系統時，請以本書所提供之試卷編號作為考試帳號，但實際報考進行測驗時，則會使用考生的身分證統一編號，請考生特別注意。）

步驟一：　開啟電源，從硬碟 C 開機。

步驟二：　進入 Windows 作業系統及週邊環境熟悉操作。

步驟三：　執行桌面的「TQC+ 認證測驗系統 T5-Client 端程式」程式項目。

步驟四：　請輸入測驗試卷編號「IL9-0001」按下「登錄」鈕。

步驟五：　請詳細閱讀「測驗注意事項」後，按下「開始」鍵。

電腦繪圖設計 Illustrator CC 第3版 測驗注意事項

試卷編號:IL9-0001	姓名:基金會

一、本項考試為操作題，所需總時間為60分鐘，時間結束前需完成所有考試動作。成績計算滿分為100分，合格分數70分。

二、操作題為四大題，第一大題至第二大題每題20分、第三大題25分、第四大題35分，總計100分。

三、操作題所需的檔案皆於C:\ANS.CSF\各指定資料夾讀取，題目存檔需保留答案檔中之圖層、元件格式及型態（不可執行作「透明度平面化」或「點陣化」等動作設定），請依題目指示儲存於C:\ANS.CSF\各指定資料夾，作答測驗結束前必須自行存檔，並關閉Illustrator，檔案名稱錯誤或未符合存檔規定及未自行存檔者，均不予計分。

四、操作題每大題之各評分點彼此均有相互關聯，作答不完整，將影響各評分點之得分，請特別注意。題意內未要求修改之設定值，以原始設定為準，不需另設。

五、試卷內0為阿拉伯數字，O為英文字母，作答時請先確認。所有滑鼠左右鍵位之訂定，以右手操作方式為準，操作者請自行對應鍵位。

六、有問題請舉手發問，切勿私下交談。

開　始

試卷資料已載入完成，請點擊（開始）按鈕進行計時測驗。

步驟六： 此時測驗程式會在桌面上方開啟一「測驗資訊列」，顯示本次測驗剩餘時間，並開啟試題 PDF 檔。請自行載入軟體工具，依照題目要求讀取題目檔，依照題目指示作答，並將答案依照指定路徑及檔名儲存。

電腦繪圖設計 Illustrator CC　第 3 版, IL9-0001/基金會,51:02/60:00　　結束測驗

查看考試說明文件：可開啟本份試卷術科題目的書面電子檔。

開啟試題資料夾：可開啟題目檔存放之資料夾。

結束測驗：提早作答完畢並確認作答及存檔無誤後，可按「測驗資訊列」窗格中的　鈕，結束測驗。

步驟七： 點選「測驗資訊列」窗格中的「開啟試題資料夾」鈕，系統會自動開啟題目檔存放之 ANS.csf 資料夾，ANS.csf 資料夾內含各題的題目資料夾，如第一題的檔案在 IL01 資料夾之內，其它各題以此類推。

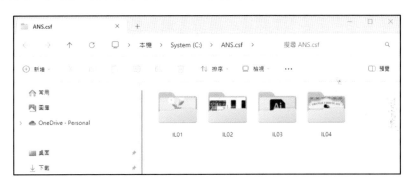

步驟八： 點選「測驗資訊列」窗格中的「結束測驗」鈕後，系統會再次提醒您是否確定要結束操作題測驗。

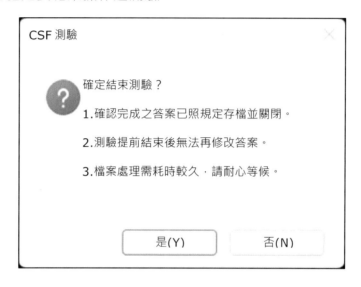

❖ 註： 1.提早作答完成並存檔完畢後，請完全跳離開啟的軟體工具後，再按「是」鈕。

2.若無法提早作答完成，請務必在時間結束前將已完成之部分存檔完畢，並完全跳離開啟的軟體工具。

步驟九： 由於本項測驗為人工評分，故不會顯示作答成績，請按下「離開」鈕，結束本次的模擬測驗。

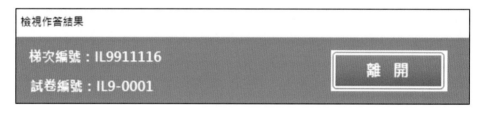

❖ 註： 1.本系統在進行系統更新之後，系統內容與畫面可能有所變更，此為正常情形請放心使用！

2.此項為供使用者練習與自我評核之用，正式考試的畫面顯示會有所差異。

6

Chapter

範例試卷

試卷編號：IL9-0001

試卷編號：IL9-0002

試卷編號：IL9-0003

範例試卷標準答案

中華民國電腦技能基金會
Computer Skills Foundation

電腦繪圖設計

Illustrator CC(第三版)範例試卷

【認證說明與注意事項】

一、 本項考試為操作題，所需總時間為 60 分鐘，時間結束前需完成所有考試動作。成績計算滿分為 100 分，合格分數 70 分。

二、 操作題為四大題，第一大題至第二大題每題 20 分、第三大題 25 分、第四大題 35 分，總計 100 分。

三、 操作題所需的檔案皆於 C:\ANS.CSF\各指定資料夾讀取。題目存檔需保留答案檔中之圖層、元件格式及型態（不可執行作「透明度平面化」或「點陣化」等動作設定），請依題目指示儲存於 C:\ANS.CSF\各指定資料夾，作答測驗結束前必須自行存檔，並關閉 Illustrator，檔案名稱錯誤或未符合存檔規定及未自行存檔者，均不予計分。

四、 操作題每大題之各評分點彼此均有相互關聯，作答不完整，將影響各評分點之得分，請特別注意。題意內未要求修改之設定值，以原始設定為準，不需另設。

五、 試卷內 0 為阿拉伯數字，O 為英文字母，作答時請先確認。所有滑鼠左右鍵位之訂定，以右手操作方式為準，操作者請自行對應鍵位。

六、 有問題請舉手發問，切勿私下交談。

操作題 100% (第一題至第二題每題 20 分、第三題 25 分、第四題 35 分)

請依照試卷指示作答並存檔，時間結束前必須完全跳離 Illustrator。

一、花瓶與花

1. 題目說明：

本題活用向量路徑結合寬度工具、星形工具等，繪製一幅簡約的扁平風格插畫。

2. 作答須知：

(1) 請建立一新文件進行設計。完成結果儲存於 C:\ANS.CSF\IL01 目錄，檔案名稱請定為 **ILA01.ai**。

(2) 完成之檔案效果，需與展示檔 **Demo.tif** 相符。

3. 設計項目：

(1) 新增一列印文件，尺寸為 100*130mm。繪製符合工作區域的粉色矩形作為背景。使用線段工具完成具瓶身曲線的花瓶，效果請參考展示檔。

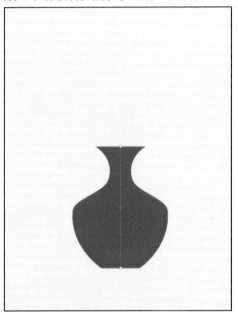

(2) 繪製星芒數 16 的圓角星形作為花朵，製作 12 條線段作為花蕊並增加花莖，效果請參考展示檔。

(3) 繪製圖形並調整，套用「鋸齒化」並分半，再使用漸層填色完成葉片，效果請參考展示檔。

(4) 輸入「BEAUTIFUL VASE」套用「弧形」效果，效果請參考展示檔。

4. 評分項目：

設計項目	配分	得分
(1)	3	
(2)	8	
(3)	6	
(4)	3	
總分	20	

二、A5 書本封面

1. 題目說明：

透過遮色片、路徑文字、區域文字、3D 等工具，製作 A5 書本封面含書背與折口。

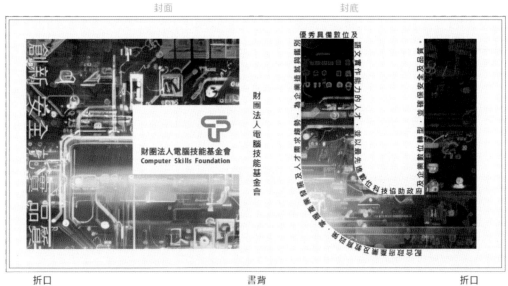

2. 作答須知：

(1) 請建立一新文件進行設計。完成結果儲存於 C:\ANS.CSF\IL02 目錄，檔案名稱請定為 **ILA02.ai**。

(2) 完成之檔案效果，需與展示檔 **Demo.tif** 相符。

3. 設計項目：

(1) 建立印刷文件，尺寸為 429*210mm、方向為橫向、出血為 3mm。並畫出左右 60mm（不含出血）的折口，置中寬 13mm 的書背，效果請參考展示檔。

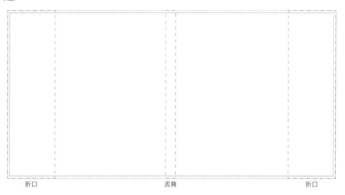

(2) 繪製矩形標示封面、封底範圍，為避免印刷誤差導致圖示顯示不完全，須各別預留 5mm 對折口的延展，效果請參考展示檔。

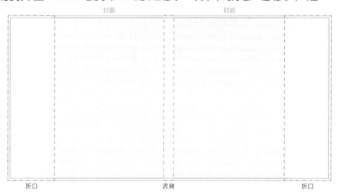

(3) 置入 **Logo.svg** 於封面。輸入「財團法人電腦技能基金會」於書背，字型為微軟正黑體 Bold、大小為 21pt、顏色為#001125、文字間距為 100。

(4) 置入 **Technology.jpg**，取用 **Logo.svg** 部分圖形、繪製矩形，並運用裁剪遮色片工具製作封面與封底的圖片，效果請參考展示檔。

(5) 輸入「創新 安全 扎實 品質」，字型為微軟正黑體 Bold、大小為 55.8pt、文字間距為 10，套用 3D 膨脹效果，素材為牛津布料、光源為右，效果請參考展示檔。

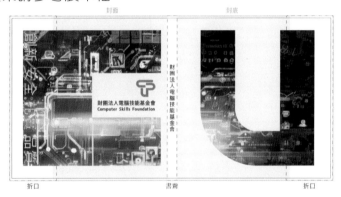

(6) 利用 **Text.txt** 內的文字沿著封底狀排列，文字需與形狀保留 1mm 間距（起始位置須符合展示檔呈現），字型為微軟正黑體 Bold、大小為 18pt、顏色為#001125、文字間距為 180，再繪製淺灰色矩形作為底色，效果請參考展示檔。

4. 評分項目：

設計項目	配分	得分
(1)	3	
(2)	3	
(3)	2	
(4)	4	
(5)	4	
(6)	4	
總分	20	

三、Flashlight

1. 題目說明：

本題目以 CAD 3D 圖面轉 2D 三視圖線徑為基礎，進行線徑分割、清理及封閉路徑上色，將實體 3D 建模轉換為向量插畫圖形，廣泛結合產品設計與視覺商品。應用於商品廣告圖形配色與產品使用手冊及產品 Logo 圖像設計。

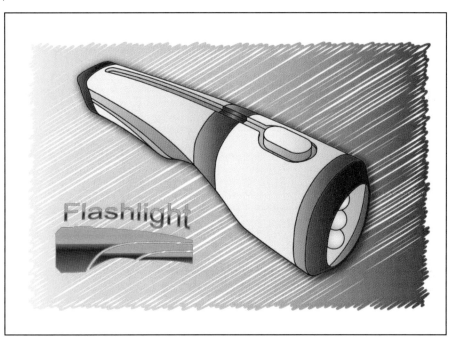

2. 作答須知：

(1) 請至 C:\ANS.CSF\IL03 目錄開啟 **ILD03.ai** 設計。完成結果儲存於 C:\ANS.CSF\IL03 目錄，檔案名稱請定為 **ILA03.ai**。

(2) 完成之檔案效果，需與展示檔 **Demo.tif** 相符。

3. 設計項目：

(1) 清除「Flashlight」圖層的多餘線條，並將筆畫寬度調整為 1.5pt，效果請參考展示檔。

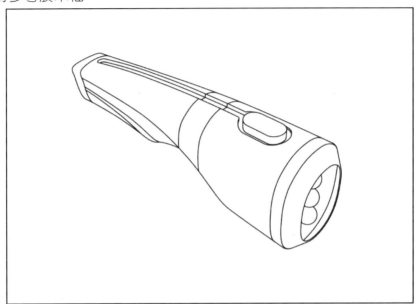

(2) 利用即時上色工具，以漸層的大地色調色票為封閉區域上色，並製作模糊 1.7mm 的陰影，效果請參考展示檔。

(3) 在「Three View」圖層，選擇左下角線稿，移除多餘線條，並將其他視圖移除。於圖形上方，輸入「Flashlight」，字體為 Arial Regular，效果請參考展示檔。

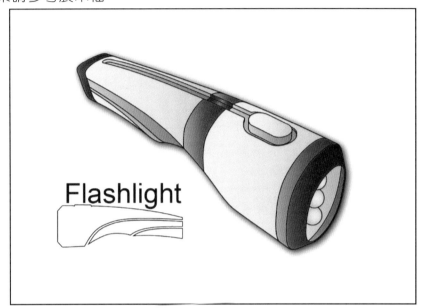

(4) 將左下角線稿與文字套用照亮樣式的鉻黃高光，再調整文字為封套並設定弧形及旋轉角度符合下方線稿曲線，效果請參考展示檔。

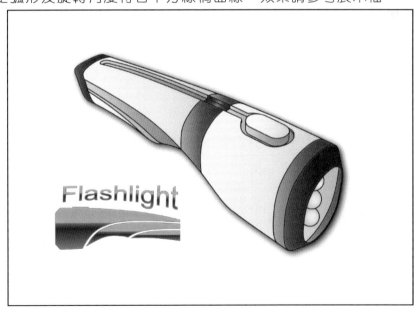

(5) 選取「bg」圖層內的矩形，調整色彩為橘、黃漸層，並套用塗抹效果，效果請參考展示檔。

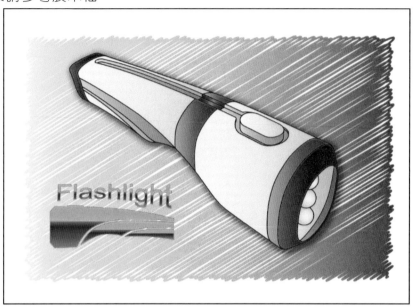

4. 評分項目：

設計項目	配分	得分
(1)	7	
(2)	8	
(3)	4	
(4)	4	
(5)	2	
總分	25	

四、巧克力包裝

1. 題目說明：

本題活用多個繪圖工具，快速製作圖形素材與圖騰，完成商業包裝視覺。

2. 作答須知：

(1) 請建立一新文件進行設計。完成結果儲存於 C:\ANS.CSF\IL04 目錄，檔案名稱請定為 **ILA04.ai**。

(2) 完成之檔案效果，需與展示檔 **Demo.tif** 相符。

3. 設計項目：

(1) 新增一列印文件，尺寸為 200*90mm。繪製柳橙及黃底製作成圖樣套用至符合工作區域的矩形作為背景並縮放圖樣尺寸，效果請參考展示檔。

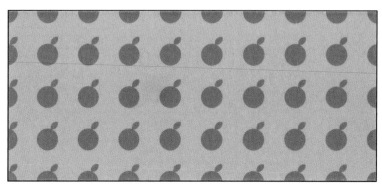

(2) 繪製對稱花框圖形並製作內縮的咖啡色框線，效果請參考展示檔。

(3) 使用 **Text.txt** 內的文字完成標題與內文，將標題調整為全部大寫並在下方增加一顆星星裝飾，效果請參考展示檔。

(4) 將標題套用「拱形」效果，再使用線段製作箭頭，效果請參考展示檔。

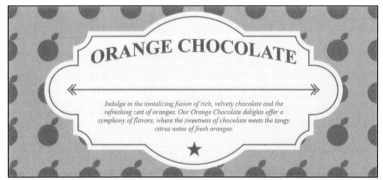

(5) 置入 **Orange.jpg** 套用「網屏圖樣」，不透明度為「色彩增值」，效果請參考展示檔。

4. 評分項目：

設計項目	配分	得分
(1)	7	
(2)	10	
(3)	5	
(4)	5	
(5)	8	
總分	35	

電腦繪圖設計

Illustrator CC(第三版)範例試卷

【認證說明與注意事項】

一、本項考試為操作題，所需總時間為 60 分鐘，時間結束前需完成所有考試動作。成績計算滿分為 100 分，合格分數 70 分。

二、操作題為四大題，第一大題至第二大題每題 20 分、第三大題 25 分、第四大題 35 分，總計 100 分。

三、操作題所需的檔案皆於 C:\ANS.CSF\各指定資料夾讀取。題目存檔需保留答案檔中之圖層、元件格式及型態（不可執行作「透明度平面化」或「點陣化」等動作設定），請依題目指示儲存於 C:\ANS.CSF\各指定資料夾，作答測驗結束前必須自行存檔，並關閉 Illustrator，檔案名稱錯誤或未符合存檔規定及未自行存檔者，均不予計分。

四、操作題每大題之各評分點彼此均有相互關聯，作答不完整，將影響各評分點之得分，請特別注意。題意內未要求修改之設定值，以原始設定為準，不需另設。

五、試卷內 0 為阿拉伯數字，O 為英文字母，作答時請先確認。所有滑鼠左右鍵位之訂定，以右手操作方式為準，操作者請自行對應鍵位。

六、有問題請舉手發問，切勿私下交談。

操作題 100% (第一題至第二題每題 20 分、第三題 25 分、第四題 35 分)

請依照試卷指示作答並存檔，時間結束前必須完全跳離 Illustrator。

一、鳥類嘉年華

1. 題目說明：

本題使用 JPG 圖像置入並學習使用影像描圖取得向量圖像，背景搭配色彩和透明度的變化製作四方連續圖樣，製作嘉年華活動封面。

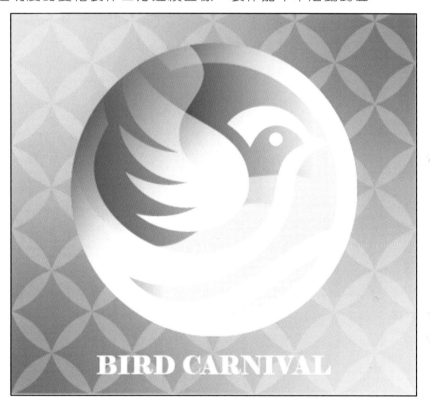

2. 作答須知：

(1) 請至 C:\ANS.CSF\IL01 目錄開啟 **ILD01.ai** 設計。完成結果儲存於 C:\ANS.CSF\IL01 目錄，檔案名稱請定為 **ILA01.ai**。

(2) 完成之檔案效果，需與展示檔 **Demo.tif** 相符。

3. 設計項目：

    (1) 於「LOGO」圖層使用色票的粉色及藍紫色製作任意形狀漸層色底圖，兩色設置於對角，並將此圖層置於最底層，效果請參考展示檔。

    (2) 製作 5*20mm 的白色橢圓，轉換寬邊錨點，旋轉複製後製作成圖樣，套用至與工作區域相同大小的矩形並調整不透明度，完成四方連續效果，效果請參考展示檔。

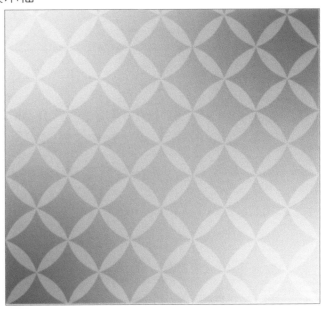

(3) 製作 100*100mm 圓形，使用美工刀工具裁切成三份任意形狀，並填上漸層色票，效果請參考展示檔。

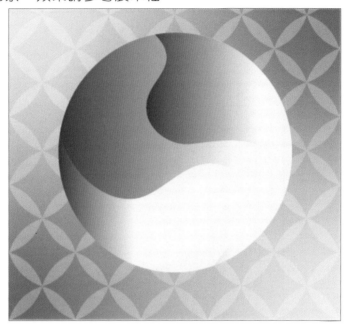

(4) 置入圖檔 **BIRD.jpg** 取得向量圖並與漸層圓形重疊，製作白色透明漸層效果，效果請參考展示檔。

(5) 輸入文字「BIRD CARNIVAL」於圖形下方，字體設置為 Elephant Regular，效果請參考展示檔。

4. 評分項目：

設計項目	配分	得分
(1)	3	
(2)	8	
(3)	2	
(4)	5	
(5)	2	
總分	20	

二、義大利麵宣傳圖

1. 題目說明：

本題使用繪圖筆刷、錨點、網格、切割與符號噴灑工具的應用，使用繪圖筆刷工具來繪製義大利麵條，檢核受測者是否具備圖形的繪圖與組合能力。

2. 作答須知：

(1) 請至 C:\ANS.CSF\IL02 目錄開啟 **ILD02.ai** 設計。完成結果儲存於 C:\ANS.CSF\IL02 目錄，檔案名稱請定為 **ILA02.ai**。

(2) 完成之檔案效果，需與展示檔 **Demo.tif** 相符。

3. 設計項目：

(1) 匯入 **color.ase** 作為色票使用。繪製符合工作區域的矩形，使用色票 01、03 製作漸層背景，再利用符號資料庫的「點狀圖樣向量包 07」疊加層次並調整不透明度，效果請參考展示檔。

(2) 繪製圓形使用色票 00、11 製作盤子及邊框，使用色票 01、03 調整漸層及不透明度製作盤子內陰影，使用色票 01 調整不透明度為「色彩增值」作為盤子陰影。繪製矩形使用色票 00、04 製作 8*8 格正方形旋轉作為餐墊，使用色票 01 調整不透明度為「色彩增值」作為餐墊陰影，效果請參考展示檔。

(3) 使用色票 06、07、08 完成義大利麵條，適當加上陰影效果。使用色票 00、01、02 以網格工具繪製白醬，使用色票 01 調整不透明度為「色彩增值」作為白醬陰影，效果請參考展示檔。

(4) 使用色票 09、10 製作羅勒葉。使用色票 00、04、05 完成番茄，製作水滴為符號並以噴灑工具點綴義大利麵，效果請參考展示檔。

(5) 輸入「Pasta is always delicious」作為標題。置入 LOGO.png 縮放並調整顏色為色票 04，輸入「DELICIOUS PASTA」調整為圓弧形狀圍繞在 LOGO 上方。使用遮色片讓物件僅呈現在工作區域，效果請參考展示檔。

4. 評分項目：

設計項目	配分	得分
(1)	4	
(2)	4	
(3)	4	
(4)	5	
(5)	3	
總分	20	

1. 題目說明：

資訊圖像是表達數字與抽象概念最好的方法。在這題要使用的是圖表工具，再加上 3D 材質等，便可做出專業的統計圖表，同時還可以修改統計數字，讓統計圖也一起改變！

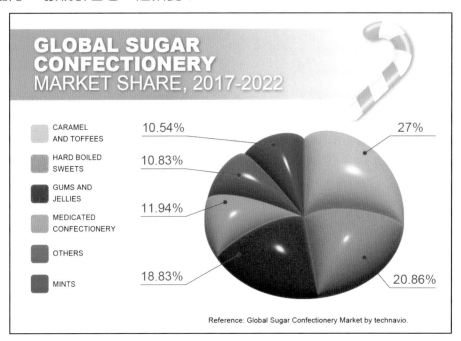

2. 作答須知：

(1) 請建立一新文件進行設計。完成結果儲存於 C:\ANS.CSF\IL03 目錄，檔案名稱請定為 **ILA03.ai**。

(2) 完成之檔案效果，需與展示檔 **Demo.pdf** 相符。

3. 設計項目：

    (1) 開啟一個 A4 尺寸橫式的新檔案，並將預設的工作區域命名為「Statistics」，匯入色票 **GlobalSugar.ase**，使用色票完成後續設計。利用 **Text.txt** 的內容完成圓形圖，效果請參考展示檔。

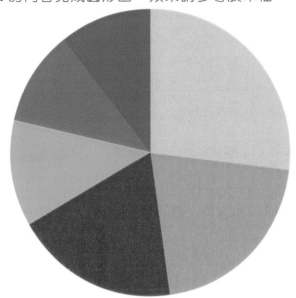

    (2) 套用 3D「膨脹」效果，旋轉圓形圖的 X 軸並調整素材、光源，將圖製作成如糖果口感的 3D 圖，效果請參考展示檔。

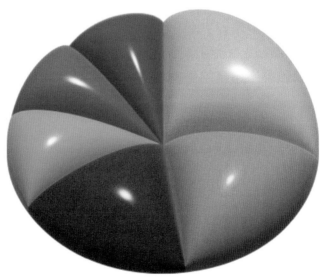

(3) 使用 **Text.txt** 的內容完成標題、說明文字、資料來源等資訊，標題文字須加上陰影，效果請參考展示檔。

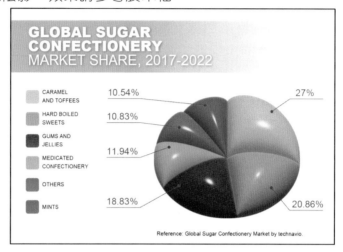

(4) 繪製拐杖糖花紋製作為線條圖筆刷，效果請參考展示檔。

(5) 繪製線條套用筆刷完成拐杖糖。在拐杖糖外緣繪製白色線條，內緣繪製淺灰色線條，分別套用高斯模糊製作物件立體陰影。製作拐杖糖與畫面的陰影，再套用高斯模糊，效果請參考展示檔。

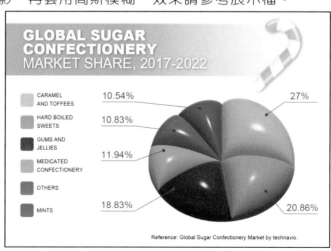

4. 評分項目：

設計項目	配分	得分
(1)	3	
(2)	5	
(3)	6	
(4)	5	
(5)	6	
總分	25	

四、Folder Design Template

1. 題目說明：

本題為公文夾模板設計，資料夾或公文夾是常見的辦公文具之一，視覺設計師往往須熟悉版型設計，以符合印刷的需要。

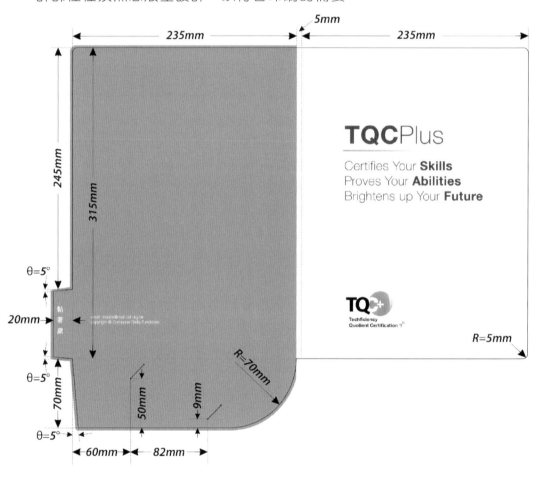

2. 作答須知：

(1) 請建立一新文件進行設計。完成結果儲存於 C:\ANS.CSF\IL04 目錄，檔案名稱請定為 **ILA04.ai** 及 **ILA04.ait**。

(2) 完成之檔案效果，需與展示檔 **Demo.tif** 相符。

3. 設計項目：

 (1) 開啟檔案：

　　● 新增一列印用文件，尺寸為四六版對開（760*520mm）。

　　● 修改「圖層 1」名稱為「GuideLine」，根據題目中所給的尺寸，在適當的位置增加水平與垂直參考線，以利刀模繪製，效果請參考展示檔。

 (2) 建立一新圖層，命名為「Outline」，將資料夾之刀模外框繪製在這個圖層中：

　　● 以寬度為 0.5pt 之黑色實線，沿著最外框繪製刀模線。

　　● 將資料夾之左上、右上、右下製作半徑為 5mm 的圓角。

　　● 將下方口袋的右方製作半徑為 70mm 的圓角。

　　● 依照下圖尺寸，製作兩處名片斜角插口，效果請參考展示檔。

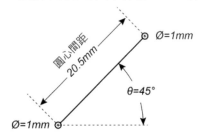

(3) 建立一個新圖層，命名為「Press」，使用寬度為 0.5pt 之綠色虛線製作 4 條壓線軋模，效果請參考展示檔。

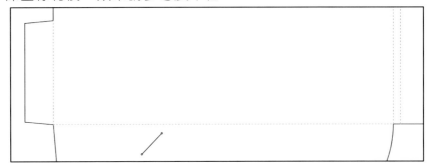

(4) 建立 Illustrator 的範本檔：

- 在最下方建立一個新圖層，命名為「CoverDesign」，並將「Press」、「Outline」及「GuideLine」圖層切換為鎖定狀態。

- 將完成的刀模圖存成 **ILA04.ait**，供重複使用。

(5) 使用完成的範本檔設計資料夾：

- 以使用範本的方式開啟 **ILA04.ait**。

- 將 **TQC+.jpg** 置入「CoverDesign」圖層中，將圖片調整至適當位置，請留意出血。

- 將完成的檔案另存為 **ILA04.ai**。

4. 評分項目：

設計項目	配分	得分
(1)	5	
(2)	15	
(3)	5	
(4)	5	
(5)	5	
總分	35	

中華民國電腦技能基金會
Computer Skills Foundation

電腦繪圖設計

Illustrator CC (第三版)範例試卷

【認證說明與注意事項】

一、本項考試為操作題，所需總時間為 60 分鐘，時間結束前需完成所有考試動作。成績計算滿分為 100 分，合格分數 70 分。

二、操作題為四大題，第一大題至第二大題每題 20 分、第三大題 25 分、第四大題 35 分，總計 100 分。

三、操作題所需的檔案皆於 C:\ANS.CSF\各指定資料夾讀取。題目存檔需保留答案檔中之圖層、元件格式及型態(不可執行作「透明度平面化」或「點陣化」等動作設定)，請依題目指示儲存於 C:\ANS.CSF\各指定資料夾，作答測驗結束前必須自行存檔，並關閉 Illustrator，檔案名稱錯誤或未符合存檔規定及未自行存檔者，均不予計分。

四、操作題每大題之各評分點彼此均有相互關聯，作答不完整，將影響各評分點之得分，請特別注意。題意內未要求修改之設定值，以原始設定為準，不需另設。

五、試卷內 0 為阿拉伯數字，O 為英文字母，作答時請先確認。所有滑鼠左右鍵位之訂定，以右手操作方式為準，操作者請自行對應鍵位。

六、有問題請舉手發問，切勿私下交談。

操作題 100% (第一題至第二題每題 20 分、第三題 25 分、第四題 35 分)
請依照試卷指示作答並存檔，時間結束前必須完全跳離 Illustrator。

一、貼紙設計

1. 題目說明：

本題為造型貼紙設計，檢核受測者對基本繪圖工具的運用，以及是否具備圖形組合能力。

2. 作答須知：

(1) 請至 C:\ANS.CSF\IL01 目錄開啟 **ILD01.ai** 設計。完成結果儲存於 C:\ANS.CSF\IL01 目錄，檔案名稱請定為 **ILA01.ai**。

(2) 完成之檔案效果，需與展示檔 **Demo.tif** 相符。

3. 設計項目：

(1) 將提供的色票製作為顏色群組使用。調整圓形以筆畫寬度 20pt 的虛線製作出花邊形狀，再新增一個大 1cm 的圓作為底色，效果請參考展示檔。

(2) 顯示「Plant pot」圖層，分割調整為花盆，效果請參考展示檔。

(3) 顯示「Flower」圖層，將黑色圓形以白色圓形的圓心為中心點，完成五個花瓣並套用任意漸層效果，框線為白色、4pt，效果請參考展示檔。

(4) 新增圖層命名為「Stem and leaf」，繪製莖和葉片，效果請參考展示檔。

(5) 將「Text」圖層文字製作成筆刷，繪製曲線呈現文字，效果請參考展示檔。

4. 評分項目：

設計項目	配分	得分
(1)	4	
(2)	4	
(3)	6	
(4)	2	
(5)	4	
總分	20	

二、Lue COFFEE 隨手杯包裝

1. 題目說明：

本題將學習使用 3D 效果製作包裝示意圖，並練習製作基本包裝設計。

2. 作答須知：

(1) 請至 C:\ANS.CSF\IL02 目錄開啟 **ILD02.ai** 設計。完成結果儲存於 C:\ANS.CSF\IL02 目錄，檔案名稱請定為 **ILA02.ai**。

(2) 完成之檔案效果，需與展示檔 **Demo.tif** 相符。

3. 設計項目：

(1) 於圖層「Cup」繪製杯子，包含杯蓋、杯子及杯套，再製作成 3D 迴轉效果，效果請參考展示檔。

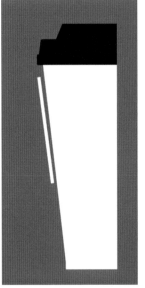

(2) 於圖層「sleeve」利用色票製作杯套包裝圖，輸入「Lue COFFEE」，字體為 Forte Regular，素材須符合工作區域範圍，效果請參考展示檔。

(3) 複製杯套素材套用 3D「膨脹」效果，使用封套扭曲調整弧度，效果請參考展示檔。

(4) 於杯套套用「sleeve」圖樣，縮放並調整圖樣位置，效果請參考展示檔。

(5) 調整杯子角度及光源，使用杯套素材製作背景圖，效果請參考展示檔。

4. 評分項目：

設計項目	配分	得分
(1)	4	
(2)	4	
(3)	4	
(4)	4	
(5)	4	
總分	20	

三、音樂活動入場券設計

1. 題目說明：

本題目為音樂活動入場券設計，先完成文件設定，運用幾何靈活變化、搭配參考線與文字編排完成設計，最後將印刷檔案完稿標記。

2. 作答須知：

(1) 請至 C:\ANS.CSF\IL03 目錄開啟 **ILD03.ai** 設計。完成結果儲存於 C:\ANS.CSF\IL03 目錄，檔案名稱請定為 **ILA03.ai**。

(2) 完成之檔案效果，需與展示檔 **Demo.tif** 相符。

3. 設計項目：

   (1) 在工作區域增加出血 2mm，調整矩形符合出血範圍，在工作區域左 20mm、右 10mm、上下 5mm，加入四條參考線，效果請參考展示檔。

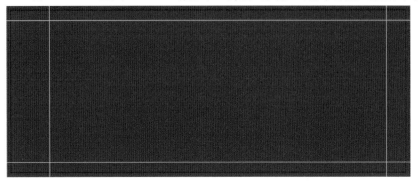

   (2) 在矩形增加粒狀紋理效果，強度為 20、對比為 40，並在靠右 40mm 處增加一條虛線作為撕角處，效果請參考展示檔。

   (3) 顯示「Record」圖層，調整外圈筆畫為 1.5pt、內圈筆畫為 0.5pt，製作階數 20 的漸變繪製出唱片，調整不透明度為 20%，並移至對齊左邊參考線，效果請參考展示檔。

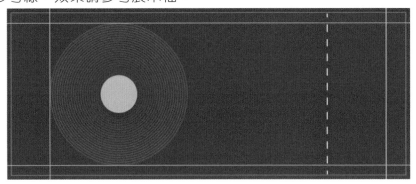

(4) 顯示「text」圖層，對齊參考線排版，將主標題「EUPHORIA NIGHT」與副標題「CPOP KPOP JPOP」加入彎曲效果，複製標題字縮放擺放至撕角處並對齊參考線，效果請參考展示檔。

(5) 顯示「Decoration」圖層，調整裝飾圓為星形，並調整裝飾線為平滑曲線，效果請參考展示檔。

(6) 將完稿標記成印刷設定，加入裁切線並標記騎縫線，另外新增一個工作區域，製作局部上光，包含標題字與所有星形，效果請參考展示檔。

4. 評分項目：

設計項目	配分	得分
(1)	5	
(2)	3	
(3)	5	
(4)	4	
(5)	3	
(6)	5	
總分	25	

四、Milk Box Design Template

1. 題目說明：

本題為鮮乳盒的模板設計，鮮乳盒的設計方法，已被應用在許多包裝上，雖然看似簡單，但要設計出尺寸精確的稿件，更需留意細節的繪製。

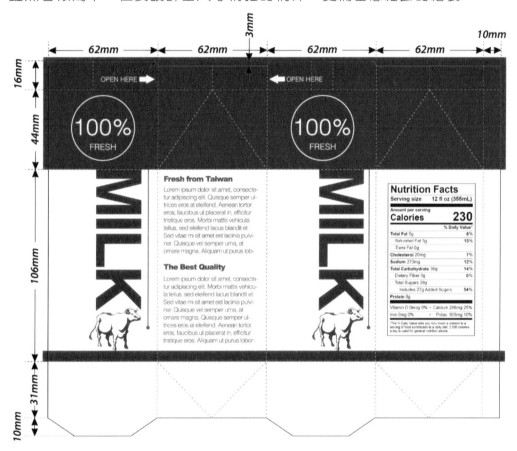

2. 作答須知：

(1) 請建立一新文件進行設計。完成結果儲存於 C:\ANS.CSF\IL04 目錄，檔案名稱請定為 **ILA04.ai** 及 **ILA04.ait**。

(2) 完成之檔案效果，需與展示檔 **Demo.tif** 相符。

3. 設計項目：

   (1) 開啟檔案：

   ● 新增一列印用文件，尺寸為橫向 A3。

   ● 修改「圖層 1」名稱為「GuideLine」，根據題目中所給的尺寸，在適當的位置增加水平與垂直參考線，以便稍候繪製設計元素，效果請參考展示檔。

   (2) 建立一新圖層，命名為「Outline」，將鮮乳盒之刀模外框繪製在此圖層中：

   ● 以寬度為 0.5pt 的黑色實線，沿著最外框繪製刀模線。

   ● 將鮮乳盒上方刀模設計圖中紅色標示處，製作半徑為 3mm 的圓角，效果請參考展示檔。

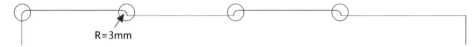

   ● 將鮮乳盒下方依尺寸設計黏合處，效果請參考展示檔。

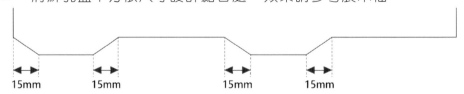

(3) 建立一個新圖層，命名為「Press」，使用寬度為 0.5pt 之綠色虛線製作壓線軋模，效果請參考展示檔。

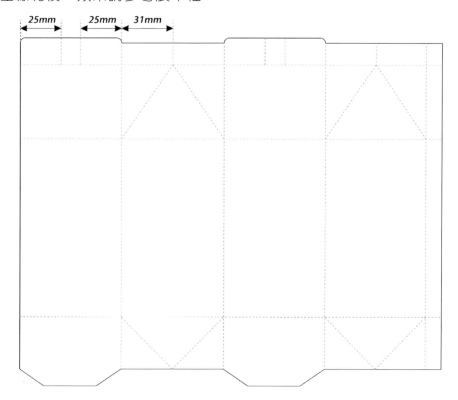

(4) 建立 Illustrator 的範本檔：

- 在最下方建立一個新圖層，命名為「CoverDesign」，並將「Press」、「Outline」及「GuideLine」圖層切換為鎖定狀態，最後隱藏「GuideLine」圖層。

- 將完成的刀模圖存成 **ILA04.ait**，供日後重複使用。

(5) 使用完成的範本檔設計鮮乳盒：

- 以使用範本的方式開啟 **ILA04.ait**。

- 將 **MilkBox.jpg** 圖檔置入「CoverDesign」圖層中，將圖片調整至適當位置，請留意出血。

- 將完成的檔案另存為 **ILA04.ai**。

4. 評分項目：

設計項目	配分	得分
(1)	8	
(2)	10	
(3)	8	
(4)	5	
(5)	4	
總分	35	

範例試卷標準答案

試卷編號：IL9-0001

操作題

第一題	請參考 C:\ExamClient(T5).csf\DATA\EXAMCENTER.CSF\TQC+.CSF\IL9-0001\ANS\IL01
第二題	請參考 C:\ExamClient(T5).csf\DATA\EXAMCENTER.CSF\TQC+.CSF\IL9-0001\ANS\IL02
第三題	請參考 C:\ExamClient(T5).csf\DATA\EXAMCENTER.CSF\TQC+.CSF\IL9-0001\ANS\IL03
第四題	請參考 C:\ExamClient(T5).csf\DATA\EXAMCENTER.CSF\TQC+.CSF\IL9-0001\ANS\IL04

試卷編號：IL9-0002

操作題

第一題	請參考 C:\ExamClient(T5).csf\DATA\EXAMCENTER.CSF\TQC+.CSF\IL9-0002\ANS\IL01
第二題	請參考 C:\ExamClient(T5).csf\DATA\EXAMCENTER.CSF\TQC+.CSF\IL9-0002\ANS\IL02
第三題	請參考 C:\ExamClient(T5).csf\DATA\EXAMCENTER.CSF\TQC+.CSF\IL9-0002\ANS\IL03

第四題	請參考 C:\ExamClient(T5).csf\DATA\EXAMCENTER.CSF\TQC+.CSF\ IL9-0002\ANS\IL04

試卷編號：IL9-0003

操作題

第一題	請參考 C:\ExamClient(T5).csf\DATA\EXAMCENTER.CSF\TQC+.CSF\ IL9-0003\ANS\IL01
第二題	請參考 C:\ExamClient(T5).csf\DATA\EXAMCENTER.CSF\TQC+.CSF\ IL9-0003\ANS\IL02
第三題	請參考 C:\ExamClient(T5).csf\DATA\EXAMCENTER.CSF\TQC+.CSF\ IL9-0003\ANS\IL03
第四題	請參考 C:\ExamClient(T5).csf\DATA\EXAMCENTER.CSF\TQC+.CSF\ IL9-0003\ANS\IL04

Chapter

附　　　錄

專業設計人才認證簡章

TQC+ 專業設計人才認證是針對職場專業領域職務
需求所開發之證照考試。應考人請於報名前詳閱官網
簡章之說明內容，並遵守所列之規範，如有任何疑問，
請洽詢各區推廣中心。簡章內容如有修正，將於網站
首頁明顯處公告，不另行個別通知。

壹、 報名及認證方式

一、 本年度報名與認證日期

各場次認證日三週前截止報名，詳細認證日期請至 TQC+ 認證網站查
詢（https://www.tqcplus.org.tw），或洽各考場承辦人員。

二、 認證報名

1. 報名方式分為「個人線上報名」及「團體報名」二種。

   (1) 個人線上報名

   A. 登錄資料

   a. 請連線至 TQC+ 認證網站，網址為

   https://www.TQCPLUS.org.tw

   b. 選擇網頁上「考生服務」選項，進入考生服務系統，開始
   進行線上報名。如尚未完成註冊者，請選擇『註冊帳號』
   選項，填入個人資料。如已完成註冊者，直接選擇『登入
   系統』，並以身分證統一編號及密碼登入。

   c. 依網頁說明填寫詳細報名資料。姓名如有罕用字無法輸入者，
   請按 CMEX 圖示下載 Big5-E 字集。並於設定個人密碼後送
   出。

   d. 應考人完成註冊手續後，請重新登入即可繼續報名。

   B. 執行線上報名

   a. 登入後請查詢最新認證資訊。

   b. 選擇欲報考之科目。

C. 選擇繳款方式

系統顯示乙組銀行虛擬帳號，同時並顯示應繳金額，請列印該畫面資料，並依下列任何一種方式一次繳交認證費用。

  a. 持各金融機構之金融卡至各金融機構 ATM（金融提款機）轉帳。

  b. 至各金融機構臨櫃繳款。

  c. 電話銀行語音轉帳。

  d. 網路銀行繳款

  繳費時可能需支付手續費，費用依照各銀行標準收取，不包含於報名費中。應考人依上述任一方式繳款後，系統查核後將發送電子郵件確認報名及繳費手續完成，應考人收取電子郵件確認資料無誤後，即完成報名手續。

D. 列印資料

上述流程中，應考人如於各項流程中，未收到電子郵件時，皆可自行上網至原報名網址以個人帳號密碼登入系統查詢列印，匯款及各項相關資料請自行保存，以利未來報名查詢。

(2) 團體報名

20 人以上得團體報名，請洽各區推廣中心，有專人提供服務。

2. 各科目報名費用，請參閱 TQC+ 認證網站。

3. 各項科目凡完成報名程序後，除因本身之傷殘、自身及一等親以內之婚喪、重病或天災等不可抗力因素，造成無法於報名日期應考時，得依相關憑證辦理延期手續（以一次為限且不予退費），請報名應考人確認認證考試時間及考場後再行報名，其他相關規定請參閱「四、注意事項」。

4. 凡領有身心障礙證明報考各項測驗者，相關注意事項請至官網查詢。

三、 認證方式

1. 本項認證採電腦化認證，應考人須依題目要求，以滑鼠及鍵盤操作填答應試。

2. 試題文字以中文呈現，專有名詞視需要加註英文原文。

3. 題目類型

(1) 操作題型：

  A. 請依照試題指示，使用各報名科目特定軟體進行操作或填答。

B. 考場提供 Microsoft Windows 內建輸入法供應考人使用。若應考人需使用其他輸入法，請於報名時註明，並於認證當日自行攜帶合法版權之輸入法軟體應考。但如與系統不相容，致影響認證時，責任由應考人自負。

四、 注意事項

1. 本認證之各項試場規則，參照考試院公布之『國家考試試場規則』辦理。

2. 於填寫報名表之個人資料時，請務必於傳送前再次確認檢查，如有輸入錯誤部分，得於報名截止日前進行修正。報名截止後若有因資料輸入錯誤以致影響應考人權益時，由應考人自行負責。

3. 凡完成報名程序後，除因本身之傷殘、自身及一等親以內之婚喪、重病或天災等不可抗力因素，造成無法於報名日期應考時，得依相關憑證辦理延期手續（以一次為限且不予退費），請報名應考人確認後再行報名。

4. 應考人需具備基礎電腦操作能力，若有身心障礙之特殊情況應考人，相關注意事項請至官網查詢，以便事先安排考場服務，若逕自報名而未告知主辦單位者，將與一般應考人使用相同之考場電腦設備。

5. 參加本項認證報名不需繳交照片，但請於應試時攜帶具照片之身分證件正本備驗（國民身分證、駕照等）。未攜帶證件者，得於簽立切結書後先行應試，但基於公平性原則，應考人須於當天認證考試完畢前，請他人協助送達查驗，如未能及時送達，該應考人成績皆以零分計算。

6. 非應試用品包括書籍、紙張、尺、皮包、收錄音機、行動電話、呼叫器、鬧鐘、翻譯機、電子通訊設備及其他無關物品不得攜帶入場應試，違者扣分，並得視其使用情節加重扣分或扣減該項全部成績。（請勿攜帶貴重物品應試，考場恕不負保管之責。）

7. 認證時除在規定處作答外，不得在文具、桌面、肢體上或其他物品上書寫與認證有關之任何文字、符號等，違者作答不予計分；亦不得左顧右盼，意圖窺視、相互交談、抄襲他人答案、便利他人窺視答案、自誦答案、以暗號告訴他人答案等，如經勸阻無效，該科目將不予計分。

8. 若遇考場設備損壞，應考人無法於原訂場次完成認證時，將遞延至下一場次重新應考；若無法遞延者，將擇期另行舉辦認證或退費。

9. 認證前發現應考人有下列各款情事之一者，取消其應考資格。證書核發後發現者，將撤銷其認證及格資格並吊銷證書。其涉及刑事責任者，移送檢察機關辦理：

   (1) 冒名頂替者。

   (2) 偽造或變造應考證件者。

   (3) 自始不具備應考資格者。

   (4) 以詐術或其他不正當方法，使認證發生不正確之結果者。

10. 請人代考者，連同代考者，三年內不得報名參加本認證。請人代考者及代考者若已取得 TQC+ 證書，將吊銷其證書資格。其涉及刑事責任者，移送檢察機關辦理。

11. 意圖或已將試題或作答檔案攜出試場或於認證中意圖或已傳送試題者將被視為違反試場規則，該科目不予計分並不得繼續應考當日其餘科目。

12. 本項認證試題採亂序處理，考畢不提供試題紙本，亦不公布標準答案。

13. 應考時不得攜帶無線電通訊器材（如呼叫器、行動電話等）入場應試。認證中通訊器材鈴響，將依監場規則視其情節輕重，扣除該科目成績五分至二十分，通聯者將不予計分。

14. 應考人已交卷出場後，不得在試場附近逗留或高聲喧嘩、宣讀答案或以其他方式指示場內應考人作答，違者經勸阻無效，將不予計分。

15. 應考人入場、出場及認證中如有違反規定或不服監試人員之指示者，監試人員得取消其認證資格並請其離場。違者不予計分，並不得繼續應考當日其餘科目。

16. 應考人對試題如有疑義，得於當科認證結束後，向監場人員依試題疑義處理辦法申請。

貳、 成績與證書

一、 合格標準

1. 各項認證成績滿分均為 100 分，應考人該科成績達 70（含）分以上為合格。

2. 成績計算以四捨五入方式取至小數點第一位。

二、 成績公布與複查

1. 各科目認證成績將於認證結束次工作日起算兩週後，公布於 TQC+ 認證網站，應考人可使用個人帳號登入查詢。

2. 認證成績如有疑義，可申請成績複查。請於認證成績公告日後兩週內（郵戳為憑）以書面方式提出複查申請，逾期不予受理（以一次為限）。

3. 請於 TQC+ 認證網站下載成績複查申請表，填妥後寄至本會各區推廣中心辦理（每科目成績複查及郵寄費用請參閱 TQC+ 認證網站資訊）。

4. 成績複查結果將於十五日內通知應考人；遇有特殊原因不能如期複查完成，將酌予延長並先行通知應考人。

5. 應考人申請複查時，不得有下列行為：

   (1) 申請閱覽試卷。

   (2) 申請為任何複製行為。

   (3) 要求提供申論式試題參考答案。

   (4) 要求告知命題委員、閱卷委員之姓名及有關資料。

三、 證書核發

1. 單科證書：
   單科證書於各科目合格後，於一個月後主動寄發至應考人通訊地址，無須另行申請。

2. 人員別證書：
   應考人之通過科目，符合各人員別發證標準時，可申請頒發證書（每張證書申請及郵寄費用請參閱 TQC+ 認證網站資訊）。
   請至 TQC+ 認證網站進行線上申請，步驟如下：

   (1) 填寫線上證書申請表，並確認各項基本資料。

   (2) 列印填寫完成之申請表。

   (3) 黏貼身分證正反面影本。

(4) 繳交換證費用

申請表上包含乙組銀行虛擬帳號及應繳金額,請以轉帳或臨櫃繳款方式繳交換證費用。該組帳號僅限當次申請使用,請勿代繳他人之相關費用。

繳費時可能需支付銀行手續費,費用依照各銀行標準收取,不包含於申請費用中。

(5) 以掛號郵寄申請表至以下地址:

105608 台北市松山區八德路三段 32 號 8 樓

『TQC+ 專業設計人才認證服務中心』收

3. 各項繳驗之資料,如查證為不實者,將取消其頒證資格。相關資料於審查後即予存查,不另附還。

4. 若應考人通過科目數,尚未符合發證標準者,可保留通過科目成績,待符合發證標準後申請。

5. 為契合證照與實務工作環境,認證成績有效期限為 5 年(自認證日起算),逾時將無法換發證書,需重新應考。

6. 人員別證書申請每月 1 日截止收件(郵戳為憑),當月月底以掛號寄發。

7. 單科證書如有毀損或遺失時,請依人員別證書發證方式至 TQC+ 認證網站申請補發。

參、 本辦法未盡事宜者,主辦單位得視需要另行修訂

本會保有修改報名及測驗等相關資料之權利,若有修改恕不另行通知。

最新資料歡迎查閱本會網站!

(TQC+ 各項測驗最新的簡章內容及出版品服務,以網站公告為主)

本會網站:https://www.CSF.org.tw

考生服務網:https://www.TQCPLUS.org.tw

肆、 聯絡資訊

應考人若需取得最新訊息，可依下列方式與我們連繫：

TQC+ 專業設計人才認證網：https://www.TQCPLUS.org.tw

電腦技能基金會網站：https://www.csf.org.tw

TQC+ 專業設計人才認證推廣中心聯絡方式及服務範圍：

北區推廣中心

新竹（含）以北，包括宜蘭、花蓮及金馬地區

地　　址：105608 台北市松山區八德路 3 段 32 號 8 樓

服務電話：(02) 2577-8806

中區推廣中心

苗栗至嘉義，包括南投地區

地　　址：406503 台中市北屯區文心路 4 段 698 號 24 樓

服務電話：(04) 2238-6572

南區推廣中心

台南（含）以南，包括台東及澎湖地區

地　　址：807373 高雄市三民區博愛一路 366 號 7 樓之 4

服務電話：(07) 311-9568

TQC+ 電腦繪圖設計認證指南
Illustrator CC(第三版)

作　　者：財團法人中華民國電腦技能基金會
企劃編輯：郭季柔
文字編輯：王雅雯
設計裝幀：張寶莉
發 行 人：廖文良

發 行 所：碁峰資訊股份有限公司
地　　址：台北市南港區三重路 66 號 7 樓之 6
電　　話：(02)2788-2408
傳　　真：(02)8192-4433
網　　站：www.gotop.com.tw
書　　號：AEY045100
版　　次：2024 年 12 月三版
建議售價：NT$550

國家圖書館出版品預行編目資料

TQC+電腦繪圖設計認證指南 Illustrator CC / 財團法人中華民國電腦技能基金會編著. -- 三版. -- 臺北市：碁峰資訊, 2024.12
　　面；　公分
　ISBN 978-626-324-975-2(平裝)
　1.CST：Illustrator(電腦程式)　2.CST：電腦繪圖　3.CST：考試指南
312.49I38　　　　　　　　　　　　　　　113019048